排骨

甘智荣 ◎主编

新滋味

U0386004

黑 龙 江 出 版 集 团
黑龙江科学技术出版社

图书在版编目（CIP）数据

排骨新滋味 / 甘智荣主编. -- 哈尔滨 ： 黑龙江科
学技术出版社，2017.6
ISBN 978-7-5388-9158-4

Ⅰ．①排… Ⅱ．①甘… Ⅲ．①荤菜－菜谱 Ⅳ.
①TS972.125.1

中国版本图书馆CIP数据核字(2017)第040973号

排骨新滋味
PAIGU XIN ZIWEI

主　　编	甘智荣	
责任编辑	徐　洋	
摄影摄像	深圳市金版文化发展股份有限公司	
策划编辑	深圳市金版文化发展股份有限公司	
封面设计	深圳市金版文化发展股份有限公司	
出　　版	黑龙江科学技术出版社	

地址：哈尔滨市南岗区建设街41号　邮编：150001
电话：（0451）53642106　传真：（0451）53642143
网址：www.lkcbs.cn　www.lkpub.cn

发　　行	全国新华书店
印　　刷	深圳市雅佳图印刷有限公司
开　　本	723 mm×1020 mm　1/16
印　　张	10
字　　数	180千字
版　　次	2017年6月第1版
印　　次	2017年6月第1次印刷
书　　号	ISBN 978-7-5388-9158-4
定　　价	32.80元

CONTENT

CONTENT

PART 4

蒸、卤篇：品尝排骨的别样风味

CONTENT

PART 1

排骨烹饪 小常识，快快get起来

哪些食材是家常必备，是既美味又方便取用的？"排骨"是一个很好的选择。集合吃货必学的排骨菜，轻松利用烧、炒、炸、蒸、烤、卤、炖、煮各种烹饪方式，立马让你的餐桌丰盛起来。

排骨各部位的烹调应用

肋排肉

背部整排肋骨平行的肉。

尾骨肉

骨头大而肉少，最适合用来熬猪骨汤。

肋排（背）

为背部整排平行的肋骨，肉质厚实，最适合整排烤。

肋排（背）切块

将背部肋骨沿骨头切块，一根根的，很适合用来烤或焖烧。

里脊排

腰椎旁的带骨里脊肉。适合油炸、炒、烧。

肋排（肚腩）

靠近肚腩边的肋骨肉，因接近五花肉而稍带油脂，骨头较短。整片烤或切块来烹调皆可。

肋排（肚腩）切块

靠近肚腩边的肋骨肉剁成小块。肉质嫩、易熟，用来炒、烤、炸、焖、蒸皆可。

胛心肉

因肉中带有油脂而称为胛心肉。油可让肉在烹调中不紧缩，所以特别适合用来烤。

软骨肉

即连着白色软骨的肉。用来炒、烧、蒸都很适合。

排骨选购&保存法

闻气味

气味应是比较新鲜的猪肉的味道，而且略带点儿腥味。一旦有其他异味或者臭味，就不要购买，那样的排骨很可能是已变质的。

用手按

拿手指按压排骨，如果用力按压，排骨上的肉能迅速地恢复原状则较好，如果瘫软下去则说明肉质不好；再用手摸排骨表面，表面有点儿干或略湿而且不黏手的为佳。如果黏手则不是新鲜的排骨。

看外观

新鲜的排骨外观颜色鲜红，最好是粉红色，不能太红或者太白。

巧保存

买回家的排骨最好当天烹饪，若是不当天烹调，可包上保鲜膜或放入塑料袋内，置于冰箱冷冻。

解冻要小心

排骨一定要解冻才能烹调，最好仍置于袋内放在细细的水流下，使其慢慢解冻；并谨记不能直接放入水中，以免肉质接触到水而失去弹性。

小心清洗

排骨要等烹调时才洗净，尤其不能泡水，否则肉质会变得水水的失去弹性。

各种油炸粉的使用秘诀

在学怎么炸排骨之前，首先要知道各种常用油炸粉类的特性，因为炸排骨的口感差别就在于不同粉类的使用，了解炸粉的特性之后，就能炸出你喜欢的口感！

低筋面粉

低筋面粉的蛋清质含量在7%~9%，适合制作出口感趋向"脆"的炸物。但若只使用低筋面粉，由于蛋清质的关系，会使炸物在放置一段时间后出现软化状态，为了降低这种情形，通常还会加入完全无蛋清质成分的红薯粉、土豆淀粉等来混合使用。

面包粉

适合当作油炸物的外裹粉，由于不具黏性，因此不易附着于食物表面，使用时，在欲炸食材的表面先裹上其他面糊或蛋黄后再沾取面包粉。使用面包粉来油炸的食物，口感酥脆，外观呈金黄色，食物的酥脆度可以保存较长的时间。也可自制面包粉，只要将白吐司风干变硬再弄碎即可！

土豆淀粉

将土豆淀粉和水混合后，会变得糊化，黏稠度颇高，一般都拿来作为勾芡之用或增加馅料的浓稠度，若用于油炸时，大多只于食材表面拍上薄薄的一层即可。土豆淀粉与红薯淀粉相比较，其酥脆度较低，且口感较为细致，也常用来与低筋面粉混合使用。

红薯淀粉

又称番薯粉，属于淀粉的一种，用途非常广泛，呈颗粒状。特性是可使炸物的酥脆度较持久，如排骨、鸡块等炸酥后，不仅口感酥脆，而且即使放置时间较长也不会变软，常用来与低筋面粉混合使用。

玉米淀粉

由于与土豆淀粉同样具有凝结作用，因此玉米淀粉与土豆淀粉可以互相取代。油炸用时，多与低筋面粉混合使用，借以降低炸物后续会变软的问题，玉米淀粉的口感比土豆淀粉更松酥。

糯米粉&黏米粉

皆属于米制粉类，只是前者是以糯米磨制而成，后者是用大米制成。制作炸物时，米制粉类多与低筋面粉混合后调制成粉浆来使用，食材沾裹再炸过之后，口感上会比淀粉更为酥脆。

选适合的油来烹调排骨

1.猪油

猪油具有特有的香气，不易挥发。使用时，先将买来的猪板油切小片，再入锅以小火慢慢加热，快速翻动，趁油渣尚未太焦时就盛起，便可提炼出洁白清香的猪油了。使用猪油炸的食品，凉后表面的油会凝结成脂而呈白色。另外，由于猪油是饱和脂肪酸，比较稳定，所以油烟会较少，不使用时建议一定要密封或盖好，再放进冰箱冷藏，才能保持新鲜。

2.大豆油

大豆油是一般家庭最常见的烹调用油，使用纯黄豆提炼，零胆固醇，含人体无法合成之必需脂肪酸，另外，亦含维生素E、维生素F。适合煎、炒、煮、低温油炸（150℃以下）及调制色拉酱。目前市场上除了大豆油外，还有菜籽油、米糠油、棉籽油、葵花子油等可供选择。

3.清香油

清香油并非100%的猪油，它有一部分成分是取自猪油，形成特殊的香味，其他则使用芥花油和棕榈清油来调和，适合各种烹调方式，包括高温油炸。由于它没有猪油的高胆固醇，却有猪油的香味，因此常成为很多替代猪油的最佳选择。

4.花生油

花生油呈鹅黄色，具有耐热性高、稳定性佳的特点，是良好的煎炸油，可为人体提供大量营养。花生油最吸引人的地方是味道香醇，用在炒菜或油炸食品时，可以使成品更具香气，让人胃口大开。

油温、火候技巧大公开

1.起锅

超厚肉片每块重量大小不同，油炸时间很难一概而论，因此正确判断捞起的时间可真是一门学问。猪排刚放入油中，会沉入油底部，炸过一段时间之后，猪排水分减少，重量减轻，就会渐渐浮起，若表面已呈金黄，拨动后又能浮起，就可以视为最佳的起锅时间了。

2.选油

一般来说，只要是油质纯净、新鲜的全猪油或大豆油，都可拿来油炸。但若要增加香气，可混合色拉油和麻油（或猪油），以2：1的比例搭配，就是完美的炸油组合。

3.油温

油温不对会把猪排炸得焦黑或使其吃油过多。用油温计来测油温既准确又方便，如果没有准备油温计，最简单的测试法就是放点面糊（低筋面粉加适量水调成）到油锅中，如面糊从油底部浮起，即为160℃以下；若面糊是从油中间迅速浮起，即为170℃；如果面糊马上从油表面散开，就表示油温已达180℃。

4.沥油

刚炸好的猪排一定要直立夹起，让它"站"在网架上沥油，这样做的目的是要避免平放使油积存在猪排中间或局部而影响口感。

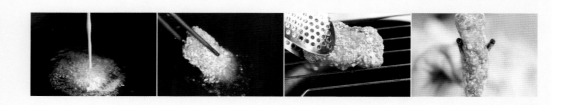

一眼看穿油温的秘密

低油温（80~100℃）

测试状态：只有细小的油泡产生，甚至没有油泡；粉浆滴进油锅中，必须稍等一下才会浮起来。

适炸的食材：

1 表面沾裹蛋清制成蛋泡糊的食材。

2 需要回锅再炸的食物。（可避免食材水分流失）

中油温（120~160℃）

测试状态：油泡开始增多，往上升起；粉浆滴进油锅中，沉到油锅底部后马上就会再浮起来。

适炸的食材：

1 一般油炸品都适用。

2 外皮沾裹容易烧焦的面包粉。

3 食材沾裹了带有调料的粉浆。

4 油炸食材量少时。

高油温（170℃以上）

测试状态：会产生大量油泡；粉浆滴进油锅中，不会沉到油锅底就马上浮出油面。

适炸的食材：

1 采用干粉炸法。

2 采用粉浆炸法。

3 油炸食材分量大或数量多时。

基本炸法——吉利炸

基本做法

吉利炸是来自西式油炸的方式，因此又称作"西炸"，是将食材依序沾裹上低筋面粉、蛋液、外裹物，再放入中温油中油炸。

适用料理：让食材口感明显，维持较长时间的酥脆感，产生较美观的外观。

基本口感：吃起来非常酥脆，外皮与内部食材口感层次分明，表面有明显的颗粒感。

炸法攻略

1 腌好的肉排先沾裹上一层薄薄的低筋面粉，作用是吸附下个步骤的蛋液，因此顺序不能弄错。而多余的粉要先抖除，这样炸好的外皮才不易脱落。

2 沾裹过低筋面粉的肉排再沾裹上蛋液，蛋液可以增加黏性，沾裹上外裹物时才能牢牢吸附。

3 特色就在最外层的沾裹物，一般来说都以口感酥脆的面包粉为主，沾的时候要稍微用力压一下，才能完整均匀地沾裹上。

4 油温不能太高，油炸时间也不宜太久，否则外裹物易变焦黑，吃起来不够美味。

配方　低筋面粉+蛋液+面包粉（易上色有脆壳）

面包粉是由小麦制成，因不具黏着性，所以不易附着于食物表面，通常使用时，会在炸物上先裹上其他面糊或蛋液。面包粉有粗细之分，面包粉脆度较佳，用来油炸食物，口感较酥脆，外观也会呈现漂亮的金黄色，且能较长时间保存食物的酥脆度，不会太快变得松软，酥脆度更持久，就算冷了也很好吃。

鲜嫩焖、卤排骨有秘诀

诀窍1：调味用料决定焖、卤风味

焖、卤的调料分量要多，才能慢慢煮至汤液收汁，排骨才能充分吸收调料的味道；烹调前则多半无须腌渍。调料除了基本的酱油、蚝油、酒、白糖或冰糖、醋、水外，还可加入葱段、姜块、蒜、洋葱、辣椒等来增加风味与香气。

诀窍2：摇动锅，排骨不粘锅

焖、卤到最后，汤汁若收干，排骨就会粘锅，不但肉会焦黑，锅也很难洗。为了难免这种情况，可于焖、卤的后段期间提起锅摇动数下，切记中途不可开锅盖以免香味散失。若不小心因炉火太大或时间过久而粘锅，则可把肉取出后，于锅中加水煮至滚开，就容易清除焦黑部分了。

诀窍3：回锅排骨的最佳美味法

焖、卤的烹调方式也可当作排骨的回锅做法。尤其是剩下的炸排骨，或是其他炒、蒸过的排骨，但是因为回锅再炸、煎、炒，都会让肉质变老变硬，这时不妨再准备一些调料，将排骨回锅肉焖卤，也能增添不同的风味。

基本卤法——直接炸卤

基本做法

通常会先将肉排炸过，再放入卤汁中卤至入味。

适用料理：不想让肉排口感过于干涩，长时间保持鲜嫩多汁。

基本口感：吃起来除肉质软嫩外还富含肉汁，风味浓郁。

卤法攻略

1 肉排加入腌料先腌过，可以让肉排更加入味，若加入葱、姜、米酒一起腌渍，更可以去腥提味。

2 先经过油炸，可以让肉排表面先成熟，再经过卤制就不容易干涩，且风味与口感会更加丰富。

3 卤汁必须事先煮滚后，再放入肉排炖卤，否则肉排与卤汁一起煮沸，时间太长，肉质会变老且干涩。

4 炖卤肉排时记得转小火，才能保持肉质不老，卤汁也不易干掉，这样烧卤出的卤排骨口感最佳。

卤排骨的好帮手

1.在汆烫和浸卤的时候都需要漏勺的帮忙，特别是一次制作多种材料的时候，选择大一点的漏勺，操作起来更方便。

2.为了能快速让卤好的材料降温，并保持好的口感和味道，深度适宜且够大的容器最方便，不仅可让所有材料摊开散热，刷香油时也会很方便。

3.想要有一锅干净美味的卤汁，就必须先将卤包处理好，让卤汁只有美味，而不漏出药材使卤汁变浑浊，卤包就必须使用棉布袋或纱布袋。

炖排骨&排骨高汤

炖排骨

1 炖排骨有多种做法，但主料均为排骨；可根据自己的口味和需要配以不同的辅料。如：萝卜、白菜、冬瓜、椒盐等。辅料不同，味道亦不同。

2 葱、姜、蒜、味精、盐、八角、糖、橘子皮等炖肉料，炒的时候适量放。加糖能够把肉做得更软烂美味，盐最后放就行。

3 炖排骨放点醋，可以使其易熟，同时使排骨中的钙、磷、铁等矿物质溶解出来，利于吸收，营养价值更高。

排骨高汤

1 用排骨做高汤，是以肉骨熬煮而成，炖高汤的时候，要用冷水，盖过里面的物料，再加入料酒去除排骨的腥味，但是切忌放葱、姜等物，以防和菜夺味，把水烧沸以后，撇去浮沫，就改用小火炖着，一直炖到骨酥肉烂才可以。

2 炖高汤，一定要用小火，火大则汤不清，光是如此，还不够，等到炖好了，要把汤水泌出，再用布滤过杂质，冷却后，刮去上层的冻油。然后把汤重新烧沸，放入打散的蛋清，倒入蛋清的时候，要一边倒入一边搅拌汤水，那样蛋清会裹住汤里的混浊之物，等到蛋清烧老，撩起弃去，这才有了清清爽爽的高汤。

3 炖好的高汤，可以装入塑料袋冷冻起来，随用随取。不喜欢吃排骨，但又想喝到滋补的排骨汤水的人，储备一些排骨高汤就最适合不过了。如果下班没有时间做汤，只要从冰箱拿出一袋来，加热后放些蔬菜，或者加一把挂面、打一个鸡蛋，就是一顿非常丰富的晚餐了！

排骨隔夜美味不流失

1　如果煲的排骨汤没有喝完，应放凉后用保鲜膜或者密封容器封好，放入冰箱保存。

2　如果没有冰箱，保质也不是太复杂。首先，把汤重新热开（煮沸）几分钟，目的是杀菌。如汤不多，就放在煮锅中冷却；如汤较多，煮锅进不了冰箱，可在汤沸停止后，高温时立即分盛到容器中，容器用已经完全干燥了的，不能用沾有生水的器皿。等待汤的温度降到室温放入冰箱保存，中途不能再搅动，以免有细菌带入。

3　炸排骨之类的菜式，放入冰箱冷藏后，再拿出来回锅还会像现炸的那么美味吗？排骨重新回锅会不会又干又硬？这就来教大家怎么让隔夜排骨回锅后变好吃。

窍门1：温炸

将冷藏过的炸排骨回锅油炸时，千万不可以开大火！建议采用低油温炸法，才不会让排骨表皮因为油温骤然太高而瞬间变得焦黑，内部的肉汁也不会散失。

窍门2：用烤箱

利用家中的小烤箱也能让隔夜的炸排骨起死回生，它可以将多余的油分逼出，口感上不会相差太多，只是少了刚炸好的香气而已。

窍门3：蒸后炸

若隔夜的油炸物直接回锅炸，容易将其所含的水分炸干，吃起来就会变得干涩无味。在此教各位一个窍门，那就是先将隔夜的炸排骨放入电锅中稍微蒸一下，待外层的面衣吸收了水分，再取出放入油锅中重新油炸，就会像现炸的一样鲜嫩多汁。运用相同的原理，也可直接将隔夜的炸排骨稍微浸水后再油炸，不过记得要稍微沥干，否则会油爆。

PART 2

烧、炒篇：最具 火候 的排骨烹饪法

烧与炒是排骨肉中最常见且变化最多的烹调方法，所用的排骨肉则多为小排骨及里脊肉，配上滋味酸甜的调味料与水果，就可以减少油腻感，吃起来更清爽。

炒辣味芥末排骨

增强免疫好搭档

排骨的鲜香根本挡不住，只须炒几下，那香味就已经弥漫整个厨房，揭开锅，加入作料，再焖会儿，这道菜就更加美味诱人啦！

原料

排骨300克，荷兰豆50克，圣女果20克，面粉30克，鸡蛋2个，高汤200毫升，蒜末3克，辣椒末3克

调料

盐3克，白糖2克，米酒5毫升，橄榄油适量，黄芥末酱5克

难度 ★★★☆
用时 35min

烹饪小技巧

注意排骨在放入油锅以后，一定要搅散，这样做的目的，主要是避免排骨粘在一起，影响排骨的外观。

做法

1 将蒜末、辣椒末、盐、白糖、米酒、黄芥末酱混合均匀，制成腌料；荷兰豆洗净烫熟；圣女果洗净对切，备用。

2 排骨洗净斩块，加入混合后的腌料腌渍大约30分钟，备用。

3 排骨中加入面粉、打散的鸡蛋液拌匀备用。

4 热锅，倒入橄榄油，待油温热至160℃时放入排骨，以中火将排骨炸熟，捞出沥油备用。

5 在锅中留少许油，放入圣女果炒匀。

6 加入已炸熟的排骨，倒入高汤，以小火熬煮约3分钟，再加入荷兰豆拌匀即可。

茶香烧排骨

排骨+茶 你尝过吗?

排骨鲜嫩多汁,一口咬下去还有阵阵茶香绕齿,爱茶的你又怎能错过这道美味佳肴?

原料

排骨200克,包种茶叶5克,姜末30克,蒜末20克

调料

酱油15毫升,鸡精2克,白糖10克,绍兴酒10毫升,食用油适量

难度 ★★★☆☆
用时 23min

烹饪小技巧

在排骨进行烹饪前,将排骨汆一下,可以去除血水及污渍。

做法

1 将洗净的排骨斩块。

2 把排骨放入锅中,汆烫片刻,去血水,捞出,沥干水分。

3 热锅,加入少许食用油烧热,以小火爆香姜末及蒜末。

4 加入排骨及绍兴酒,以中火拌炒约1分钟。

5 将包种茶叶及其余调料加入锅中拌匀。

6 盖上锅盖,以小火焖约20分钟后起锅即可。

排骨段300克，鸡蛋1个，红椒20克，姜片、蒜末、葱段各少许

调料

盐4克，鸡粉4克，陈醋15毫升，白糖6克，生抽5毫升，生粉20克，食用油适量

做法

1 洗净的红椒去子，切小块。

2 排骨段装碗，打入鸡蛋，加盐、鸡粉，搅拌片刻。

3 撒上生粉搅匀，装入盘中，腌渍10分钟至其入味。

4 锅中注油，倒入排骨段，搅匀，炸至其呈金黄色，捞出沥干油。

5 锅底留油烧热，倒入姜片、蒜末，翻炒爆香，放入红椒块、陈醋、白糖、生抽，翻炒调味。

6 倒入排骨块、葱段，炒香，盛出炒好的菜肴即可。

怪味排骨

扫一扫跟着视频做

用时
20min

烹饪小技巧

在腌渍之前可以用刀背或锤肉器将排骨肉拍松散，然后再进行腌渍，炸出的排骨更软嫩可口。

双椒排骨

扫一扫跟着视频做

原料

排骨段300克，红椒40克，青椒30克，花椒、姜片、蒜末、葱段各少许

调料

豆瓣酱、生抽、料酒、盐、鸡粉、白糖、水淀粉、辣椒酱、食用油各适量

做法

1 青椒、红椒分别切开，去子，切成小块。

2 锅中注水烧开，倒入排骨段，搅匀，煮约半分钟，汆去血水，捞出，沥干水分。

3 用油起锅，放入姜片、蒜末、花椒、葱段，爆香。

4 倒入排骨、料酒、豆瓣酱、生抽、清水、盐、鸡粉、白糖、辣椒酱，炒匀。

5 盖上盖，焖至食材熟透。

6 揭盖，放青椒、红椒，炒至断生，倒入水淀粉，炒至入味即可。

用时
12min

烹饪小技巧

在排骨放入锅以后，可以多炒一会儿，将其水分炒干，这样排骨的口感才会更加香。

香橙排骨

橙子与排骨 竟然这么搭

肉香包裹着橙香，那不是因为你来到了橙园，而是香橙在食桌上的又一次绽放。

原料

小排骨600克，香橙1个

调料

橘子酒20毫升，盐3克，酱油15毫升，料酒15毫升，淀粉15克，食用油适量

烹饪小技巧

排骨可以事先油炸一下，再进行焖烧，这样不仅可以节省烹煮时间，还可以使其更加有口感。

做法

1 小排骨洗净，再切成小块。

2 加入酱油、料酒、淀粉拌匀，腌渍约10分钟至入味。

3 香橙榨汁，并切取少许外皮切成细丝备用。

4 将油烧热至油温约170℃，放入腌好的排骨，用小火炸3~4分钟至熟后，再改用大火炸约1分钟，捞起沥干油。

5 另起一锅，在热锅中加入少许油，倒入香橙汁、橘子酒、盐，大火煮开。

6 放入炸好的排骨及香橙皮丝，翻炒至入味即可。

香芒排骨

热情澎湃的 异国风情

香甜可口的芒果，清新爽脆的芦笋，与排骨热情碰撞，瞬间火花飞溅，满满的都是惊喜！

原料

排骨600克，芒果200克，青芦笋80克，蒜头10克

调料

白糖3克，盐2克，淀粉10克，食用油适量

腌料

白糖3克，盐2克，酱油5毫升，蒜末少许，芒果汁5毫升

难度 ★ ★ ★ ★ ★
用时 70min

烹饪小技巧

芒果在切成网格花刀的时候，应该注意网格不要切得太大，以免不好翻出果肉。

做法

1　腌料全部混合调匀后，将洗净斩块沥干的排骨加入所有腌料稍做搅拌，腌渍约1小时。

2　芒果去皮切成约4厘米长的条状；青芦笋洗净余烫后，切成约5厘米长备用。

3　将腌渍好的排骨裹上一层薄薄的淀粉备用。

4　热锅，倒入适量食用油，待油温烧热至170℃时，放入裹好粉的排骨炸约4分钟后，转大火炸1分钟至排骨酥呈金黄色时，捞起沥油备用。

5　锅底留油，加入蒜头爆香，加入炸好的排骨酥和白糖、盐炒约1分钟，转小火慢煮。

6　锅内汤汁略收后，加入芒果条和青芦笋段炒约10秒即可起锅。

金橘排骨

原料

排骨400克，洋葱片20克，胡萝卜2片，高汤100毫升

调料

金橘汁30毫升，白糖5克，盐2克

做法

1 所有调料混合均匀，制成金橘腌料备用。

2 将排骨洗净，斩成块，再加入金橘腌料拌匀腌渍约10分钟备用。

3 将胡萝卜片放入沸水中烫熟。

4 捞起，沥干水分，备用。

5 将排骨、高汤一起放入锅中，以小火熬煮约20分钟至熟。

6 加入洋葱片及烫好的胡萝卜片拌匀即可。

难易★★★★★
用时
35min

烹饪小技巧

可以根据个人的口感喜好，喜欢口味重一点，可以适量增加金橘汁的量；喜欢口味偏淡，可减少金橘汁的量。

京都排骨

原料

排骨500克，熟白芝麻少许

调料

A：盐、白糖、料酒、水、蛋清、小苏打各适量。B：低筋面粉15克，淀粉15克，芝麻油、食用油各适量

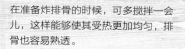

用时
28min

烹饪小技巧

在准备炸排骨的时候，可多搅拌一会儿，这样能够使其受热更加均匀，排骨也容易熟透。

做法

1 将排骨剁小块，洗净，加入调料A，拌匀腌渍约20分钟。

2 加入低筋面粉、淀粉、食用油拌匀。

3 热锅，倒入食用油，待油温烧至约150℃，将腌好的排骨下锅，以小火炸约4分钟后起锅沥干油备用。

4 另热一锅，倒入调料B，以小火煮滚后用淀粉勾芡。

5 加入炸好的排骨，迅速翻炒至芡汁完全被排骨吸收。

6 关火后盛出，再撒上熟白芝麻拌匀即可。

咖喱排骨

颜色漂亮、口感美味

不敢说是"高端大气上档次"，但怎么也能称得上"低调奢华有内涵"。咖喱与排骨的完美融合，非常美味。

原料

排骨200克，土豆100克，胡萝卜80克，红葱末20克，蒜末20克，洋葱末50克

调料

咖喱粉20克，盐3克，白糖5克，椰浆200毫升，食用油适量

难度 ★★★★☆
用时 32min

烹饪小技巧

在切洋葱之前可以将菜刀在冷水里泡一会儿，这样能够防止切洋葱的时候刺激眼睛。

做法

1. 排骨洗净沥干；土豆、胡萝卜分别去皮，洗净，切小块，备用。
2. 热锅，加入食用油烧热，以小火爆香红葱末、蒜末及洋葱末。
3. 加入洗净的排骨，转大火翻炒至排骨表面变白，加入咖喱粉略拌炒。
4. 锅中加入水、胡萝卜块及椰浆，以大火煮至汤汁滚沸，改转小火煮约20分钟。
5. 将土豆块加入锅中，以小火煮约10分钟至汤汁浓稠。
6. 加入盐、白糖拌炒匀即可。

三杯排骨

三杯浇下去，美味端上来

叹了口气，该如何说你呢？杏鲍菇如此鲜嫩，猪排如此香口，两者分开本身就很美味，偏偏合在一起，叫人胃口大开。

原料

排骨500克，蒜40克，姜片40片，杏鲍菇200克，辣椒2个，罗勒20克

调料

A：盐、白糖、米酒、水、蛋清、淀粉各适量

B：胡麻油30毫升，酱油30毫升，米酒50毫升，白糖20克

难度 ★★★★☆
用时 26min

烹饪小技巧

在煎排骨块的时候，适宜用小火，以免造成煎煳的后果，否则会影响口感。

做法

1. 排骨洗净剁小块，用调料A拌匀腌渍约20分钟。
2. 杏鲍菇洗净切小块，辣椒洗净切小段。
3. 热锅，倒入食用油，待油温烧至约150℃，将排骨下锅小火炸约4分钟，捞出备用。
4. 另热一锅，倒入胡麻油，以小火爆香姜片、蒜及辣椒。
5. 加入炸好的排骨、杏鲍菇炒匀，加入胡麻油、酱油、米酒、白糖，注入少许清水。
6. 待汤汁煮沸后，将材料移至砂锅中，以小火煮至汤汁收干，再加入罗勒拌匀即可。

扫一扫跟着视频做

芝麻辣味炒排骨

原料

白芝麻8克，猪排骨500克，干辣椒、葱花、蒜末各少许

调料

生粉、豆瓣酱、盐、鸡粉、料酒、辣椒油、食用油各适量

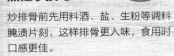

用时
12min

烹饪小技巧

炒排骨前先用料酒、盐、生粉等调料腌渍片刻，这样排骨更入味，食用时口感更佳。

做法

1 将洗净的猪排骨装入碗中，放入盐、鸡粉、料酒、豆瓣酱、生粉，抓匀，使排骨裹匀生粉。

2 热锅注油，烧至五成热，倒入排骨，搅散，炸至金黄色。

3 捞出炸好的排骨，沥干油，备用。

4 锅底留油，倒入蒜末、干辣椒，翻炒至出香味。

5 放入炸好的排骨，淋入适量料酒、辣椒油，炒匀调味。

6 加入葱花、白芝麻，炒出香味，盛出炒好的食材，装入盘中即可。

干煸麻辣排骨

扫一扫跟着视频做

原料

排骨500克，黄瓜200克，朝天椒、辣椒粉、花椒粉、蒜末、葱花各少许

调料

盐、鸡粉、生抽、生粉、料酒、辣椒油、花椒油、食用油各适量

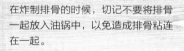

用时
20min

烹饪小技巧

在炸制排骨的时候，切记不要将排骨一起放入油锅中，以免造成排骨粘连在一起。

做法

1　黄瓜切成丁，洗好的朝天椒切碎。

2　将洗净的排骨装入碗中，加入生抽、盐、鸡粉、料酒、生粉，抓匀。

3　热锅注油，烧至五成热，放入排骨，搅散，炸至排骨呈金黄色，把炸好的排骨捞出，沥干油。

4　锅底留油，倒入蒜末、花椒粉、辣椒粉，爆香。

5　放入朝天椒、黄瓜、排骨、盐、鸡粉、料酒，炒匀提味。

6　加入辣椒油、花椒油、葱花，炒匀，盛出炒好的菜肴，装入盘中即可。

无锡排骨

一口咬下去，大大的满足感

无锡排骨是江苏省无锡地区汉族传统名菜之一，兴起于清朝的光绪年间，是非常具有地方特色的一道菜，其特点是油而不腻，咸甜调和酱汁，属于非常下饭的佳肴。

原料

猪小排500克，葱段20克，姜片25克，上海青300克，红曲米少许

调料

A：酱油100毫升，白糖30克，料酒30毫升。 B：水淀粉15毫升，芝麻油5毫升，食用油适量

准备 ★★★★★
用时
92min

烹饪小技巧

在选择上海青的时候，要选择叶片比较丰厚而且无黄叶，也无虫害的，这样的上海青也是口感最佳的。

做法

1 猪小排洗净剁成小块，上海青洗净后切成4半，姜片洗净拍松。

2 热油锅，待油温烧热至约180℃，将猪小排入锅，炸至表面微焦后沥干备用。

3 锅中注入适量水烧开，加入红曲米，放入猪小排，再放入葱段、姜片及调料A，待再度煮沸后，转小火盖上锅盖。

4 煮约30分钟，挑去葱、姜，将排骨放到小一点儿的碗中，并倒入适量汤汁。

5 将排骨放入蒸锅中，以中火蒸约1小时后，熄火备用。

6 上海青炒或烫熟后铺在盘底，将蒸好的排骨汤汁取出保留，再将排骨倒扣在上海青上，将汤汁煮开，以水淀粉勾芡，倒入芝麻油拌匀，淋到排骨上即可。

西芹炒排骨

扫一扫跟着视频做

怎么吃都 不腻

资深老饕们的心头好——排骨，有骨有肉又方便食用。排骨肉质鲜嫩可口，加入芹菜一起炒，既美味又解腻。

原料

排骨块200克，西芹100克，姜片、葱段各少许，花椒10克，八角10克

调料

盐2克，鸡粉2克，胡椒粉2克，生抽5毫升，料酒5毫升，水淀粉5毫升，食用油适量

难度 ★★★★☆
用时
40min

烹饪小技巧

腌好的排骨入油锅炸制的时间不能太久，否则排骨的外表炸得太干，口感欠佳，以小火炸至锁住水分即可。

做法

1 洗净的西芹对半切开，斜刀切段。

2 沸水锅中倒入洗净的排骨，放入八角、花椒，拌匀，撇去浮沫，撒上1克盐。

3 加盖，大火煮开后转小火煮半个小时；揭盖，捞出排骨，沥干水，待用。

4 另起锅注油烧热，倒入葱段、姜片，爆香，倒入排骨、西芹，拌匀，淋上生抽、料酒，注入适量清水。

5 加1克盐、鸡粉、胡椒粉，拌匀，淋上水淀粉，进行勾芡，充分拌匀入味。

6 关火后将菜肴盛入盘中即可。

年糕排骨

原料

排骨250克，年糕100克，八角、草果、香叶、生姜、蒜末、葱段各适量

调料

盐、鸡粉、生抽、老抽、料酒、食用油各适量

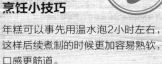

烹饪小技巧

年糕可以事先用温水泡2小时左右，这样后续煮制的时候更加容易熟软，口感更筋道。

做法

1 洗净的生姜切片，年糕切厚片。

2 锅中注水烧开，倒入洗净切块的排骨，加入料酒，余一会儿至去除血水及脏污，撇去浮沫，捞出余好的排骨，装盘待用。

3 用油起锅，倒入姜片、蒜末、葱段，爆香；倒入余好的排骨，淋入料酒，炒匀。

4 倒入生抽，炒匀，放入各种香料，翻炒均匀，注入400毫升左右的清水，加入盐、老抽、料酒，拌匀，焖15分钟至熟软。

5 倒入切好的年糕，拌匀，用小火焖30分钟至年糕熟透及入味。

6 加入鸡粉，拌匀，拣出八角、草果、葱段、香叶，盛出菜肴，装盘即可。

四季豆烧排骨

原料

去筋四季豆200克，排骨300克，姜片、蒜片、葱段各少许

调料

盐、鸡粉各1克，生抽、料酒各5毫升，水淀粉、食用油各适量

难度 ★ ★ ★ ★ ☆
用时 17min

烹饪小技巧

生四季豆有微毒，烧的时间最好长一些，更有利于饮食健康；四季豆一定要炒熟，否则会造成中毒。

做法

1 洗净的四季豆，切成段。

2 沸水锅中倒入洗好的排骨，汆至去除血水及脏污，捞出，待用。

3 热锅注油，倒入姜片、蒜片、葱段，爆香；倒入排骨，稍炒均匀。

4 加入生抽、料酒，炒匀；注入适量清水，拌匀。

5 倒入切好的四季豆，炒匀，用中火焖15分钟至食材熟软入味。

6 加入盐、鸡粉，炒匀，用水淀粉勾芡，炒至收汁即可。

沙茶排骨

地球人都知道的 超赞闽菜

排骨和什么最绝配，沙茶认第二谁敢说第一？烹调时，先将排骨滑油，再加沙茶酱爆炒，这样做出来的排骨鲜嫩多汁又香浓！

原料

排骨200克，蒜末5克，洋葱80克，红椒40克，粗黑胡椒粉5克

调料

沙茶酱10克，水2大匙，盐2克，白糖5克，水淀粉5毫升，芝麻油5毫升，食用油适量

难度 ★★★★☆
用时 15min

烹饪小技巧

沙茶酱购买方便且鲜香浓郁，与肉类搭配烹制菜肴，能给自家餐桌带来绝佳风味。

做法

1 将排骨洗净切小块；洋葱、红椒洗净切丝。
2 热锅，倒入食用油，放入排骨煎至两面焦香后取出。
3 锅中留少许油，以小火爆香洋葱丝、红椒丝、蒜末。
4 加入沙茶酱及粗黑胡椒粉翻炒均匀。
5 加入水、盐及白糖拌匀，再加入排骨，以中火炒约20秒。
6 淋上水淀粉、芝麻油炒匀即可。

土豆炒排骨

平凡而不简单

每个人对美食都会有种与生俱来的欲望，排骨的诱惑你又能抵挡几分？这道土豆炒排骨看似平凡，但不简单，巧妙添加的番茄酱能瞬间挑动你的味蕾。

原料

排骨300克，土豆120克，姜片5克

调料

A：盐2克，白糖3克，蛋清10毫升，米酒5毫升，干淀粉20克。B：盐2克，白醋10毫升，番茄酱15克，白糖10克。C：水淀粉5毫升，芝麻油5毫升，食用油适量

难度 ★★★★☆
用时 18min

烹饪小技巧

切好的土豆可先在清水中泡片刻，口感会更好；炒土豆的时候，可用筷子戳一下土豆用来判断其炒熟的程度。

做法

1 排骨洗净，再斩成块，沥干水分，待用。

2 加入调料A抓匀腌渍5分钟。

3 洗净的土豆去皮，再切块，备用。

4 热锅，倒入食用油，待油温烧热至约160℃，将腌好的排骨一块块入油锅，以小火炸约10分钟至表面酥脆后，捞起备用。

5 将锅中的油倒出，开小火，放入土豆块、姜片及调料B，煮至沸腾后用水淀粉勾芡。

6 放入炸好的排骨，以小火炒匀，淋上芝麻油即可。

黑蒜焖排骨

原料

黑蒜80克，排骨块400克，桂皮2片，八角1个，姜片少许

调料

盐2克，鸡粉3克，料酒、生抽各5毫升，水淀粉、食用油各适量

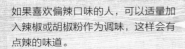

用时
32min

烹饪小技巧

如果喜欢偏辣口味的人，可以适量加入辣椒或胡椒粉作为调味，这样会有点辣的味道。

做法

1 锅中注入适量清水烧开，倒入排骨块，汆片刻。

2 捞出汆好的排骨块，沥干水分，装盘，待用。

3 用油起锅，烧热，倒入桂皮、八角、姜片，爆香。

4 放入排骨块，炒匀；注入适量清水，加入料酒、生抽、盐，拌匀，大火煮开转小火焖30分钟至食材熟透。

5 倒入黑蒜，加入鸡粉，倒入水淀粉，炒至均匀。

6 关火后盛出焖好的菜肴，装入盘中即可。

南瓜烧排骨

扫一扫跟着视频做

原料

去皮南瓜300克，排骨块500克，葱段、姜片、蒜末各少许

调料

盐、白糖、鸡粉、料酒、生抽、水淀粉、食用油各适量

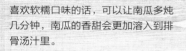

烹饪小技巧

喜欢软糯口味的话，可以让南瓜多炖几分钟，南瓜的香甜会更加溶入到排骨汤汁里。

做法

1 洗净的南瓜切厚片，改切成块。

2 锅中注入适量清水烧开，倒入排骨块，氽片刻，捞出，沥干水分，装盘备用。

3 用油起锅，倒入姜片、蒜末、葱段，爆香；加入排骨块，炒匀。

4 加入料酒、生抽，注入适量清水，加入盐、白糖，拌匀，大火煮开转小火煮20分钟至熟。

5 倒入南瓜块，拌至均匀，续煮10分钟至南瓜块熟。

6 加入鸡粉、水淀粉，翻炒片刻至入味，装盘即可。

可乐板栗排骨

扫一扫跟着视频做

给排骨 加点气

相信很多人都吃过可乐鸡翅，那么，可乐板栗排骨呢？你尝过没？无论是平日里，还是在喜庆的节假日，这道菜似乎都会很受欢迎。孩子特爱哦！

原料

排骨180克，去皮板栗80克，去皮胡萝卜75克，圆椒35克，可乐80毫升，姜片、葱段、蒜末各少许

调料

盐、鸡粉、白糖各2克，料酒、生抽各10毫升，水淀粉5毫升，食用油适量

难度 ★★★★☆
用时 27min

烹饪小技巧

烹调时可根据自己的口味，若觉得味道足够，就可以不放鸡粉了。

做法

1　洗净的圆椒切成块；胡萝卜切成菱形片。

2　洗净的排骨装碗，加入1克盐、1克鸡粉、5毫升料酒、5毫升生抽，腌渍15分钟至入味。

3　热锅中注油烧热，放入排骨，油炸约1分钟至排骨表面微焦；放入板栗，油炸约2分钟至食材表面焦黄，捞出板栗和排骨，待用。

4　用油起锅，倒入姜片、葱段和蒜末，爆香；倒入板栗和排骨，加入剩余料酒，炒匀。

5　放入剩余生抽、可乐，用大火焖10分钟至熟软入味。

6　倒入胡萝卜片和圆椒块，炒匀；加入1克盐、1克鸡粉、白糖、水淀粉，炒匀至收汁即可。

排骨酱焖藕

扫一扫跟着视频做

想念 妈妈 的味道

有时候有些味道，说不上特别好吃，但就是有一种让人很眷恋的感觉，那就是妈妈的味道。这道排骨酱焖藕，非常香浓，带有一种家乡味儿。

原料

排骨段350克，莲藕200克，红椒片、青椒片、洋葱片各30克，姜片、八角、桂皮各少许

调料

盐2克，鸡粉2克，老抽3毫升，生抽3毫升，料酒4毫升，水淀粉4毫升，食用油适量

难度 ★★★★☆
用时 39min

烹饪小技巧

将排骨氽水后再烹饪，可以使成菜色泽更清爽，味道更鲜美。

做法

1 洗净去皮的莲藕切开，切块，切丁。
2 锅中注入适量清水烧开，倒入排骨，大火煮沸，氽去血水，把排骨捞出，沥干水分。
3 用油起锅，放入八角、桂皮、姜片，爆香；倒入排骨，翻炒均匀；淋入料酒，加入生抽，炒香。
4 加适量清水，放入莲藕，放盐、老抽，大火煮沸，用小火焖35分钟。
5 加入青红椒和洋葱，炒匀。
6 放鸡粉，大火收汁后用水淀粉勾芡即可。

排骨段300克，芽菜100克，红椒20克，姜片、葱段、蒜末各少许

调料

豆瓣酱20克，料酒3毫升，生抽3毫升，鸡粉2克，盐2克，老抽2毫升，水淀粉、食用油各适量

做法

1 洗净的红椒切圈，备用。

2 锅中注入清水烧开，倒入洗净的排骨，搅开，煮至沸，氽去血水，把氽好的排骨捞出，沥干水分，备用。

3 用油起锅，放入姜片、蒜末、豆瓣酱，炒香。

4 倒入排骨、芽菜、料酒、水、生抽、鸡粉、盐、老抽，炒匀调味。

5 盖上盖，烧开后用小火焖15分钟至食材熟透。

6 揭开盖，放入红椒圈、葱段，倒入水淀粉，炒匀即可。

豆瓣排骨

扫一扫跟着视频做

用时
30min

烹饪小技巧

排骨在进行氽水以后，可以选择过一下冷水，这样能够使炒制的排骨，口感更佳。

玉米笋焖排骨

扫一扫跟着视频做

原料

排骨段270克，玉米笋200克，胡萝卜180克，姜片、葱段、蒜末各少许

调料

盐3克，鸡粉2克，蚝油7毫升，生抽5毫升，料酒6毫升，水淀粉、食用油各适量

做法

1 玉米笋切段；胡萝卜切块。

2 锅中注入清水烧开，放入玉米笋、胡萝卜，煮约1分钟，至其断生后捞出，沥干水分。

3 沸水锅中放排骨段，煮约半分钟，去血渍，捞出，沥干水分。

4 用油起锅，放入姜片、蒜末、葱段，爆香，加入排骨段、料酒、盐、鸡粉、蚝油、生抽、玉米笋、胡萝卜、清水，炒匀。

5 盖上盖，焖至食材熟透。

6 揭盖，倒入水淀粉，炒至食材入味即可。

用时 18min

烹饪小技巧

在汆排骨段的时候，最好再撒上少许食粉，拌至均匀，这样能够使其口感更佳。

PART 3

炸、烤篇：这排骨怎一个香字了得

炸排骨因腌料与油炸面衣的不同，可变化出无数的美味；烤排骨的美味关键是酱汁，它不但决定了排骨的风味，还能突显油亮诱人的色泽，控制好温度与时间，诱人的烤排骨你也能轻松搞定。

葱酥排骨

休闲时刻的 美味

将排骨腌渍后进行油炸，不仅能保留营养，还可增强香脆感，丰富口味，在家空闲时不妨试一下，作为零食吃也是非常不错的呢！

原料

排骨400克，辣椒2个，葱花40克，红葱头30克

调料

A：盐2克，白糖5克，米酒10毫升，蛋清1个，小苏打2克。B：淀粉20克，食用油适量，胡椒盐6克

口感 ★★★★☆
用时 36min

烹饪小技巧

通常情况下，在锅中炸排骨的时候应该注意，油温不适宜过高，以免造成炸焦的后果，否则会影响口感。

做法

1　将排骨剁成小块，洗净，沥干水分，备用。

2　用调料A拌匀腌渍约20分钟，加入淀粉拌匀，再加入食用油略拌。

3　辣椒洗净，切末，备用。

4　热锅，倒入食用油，待油温烧至约150℃，将腌好的排骨下锅，以小火炸约6分钟后，起锅沥油备用。

5　锅中留少许油，热锅后以小火炒香葱花及辣椒末。

6　加入炸好的排骨及红葱头炒匀，撒上胡椒盐炒匀即可。

红糖排骨酥

美味 解馋菜

炸得酥脆的排骨，表面色泽金黄中还透出微红，外酥脆、内鲜嫩，香极了，味道那叫一个赞！

原料

排骨600克，面粉20克，红薯淀粉100克，蒜末30克

调料

红糖酱15克，酱油15毫升，料酒5毫升，五香粉3克，食用油适量

炸好的排骨可以放置在吸油纸上面静置片刻，这样子吃起来就不会太油腻，也比较容易消化。

做法

1 排骨洗净剁小块，把剁好的排骨装碗中。

2 加入蒜末、红糖酱、酱油、料酒、五香粉拌匀，腌渍30分钟，加入面粉，拌匀，备用。

3 将排骨均匀沾裹红薯淀粉后，腌渍约1分钟备用。

4 热锅倒入约食用油，待油温烧热至约180℃。

5 放入排骨中火炸约10分钟至表皮成金黄酥脆。

6 将排骨出沥干油即可。

黄金炸排骨

唆唆香浓、口口酥脆

不用下馆子，在家也能吃到酥脆多汁的炸排骨，自己做，更健康、更安心。

原料

里脊肉大排骨2片，鸡蛋1个，红薯淀粉250克

调料

酱油15毫升，白糖3克，米酒15毫升，盐、胡椒粉、五香粉各少许，食用油适量

★ ★ ★ ★ ☆
难度
用时
20min

烹饪小技巧

盛入盘中以后，蘸上自己喜欢吃的调料酱就可以开吃了，搭配番茄酱料，可以让美味更加升级。

做法

1 排骨洗净后，将表面擦干，再用肉锤或刀背拍打数下，备用；鸡蛋取蛋液。

2 将酱油、白糖、米酒、盐、胡椒粉、五香粉倒入碗中，搅拌均匀，备用。

3 把备好的排骨放入容器中，把鸡蛋液及腌料一起放入与排骨拌匀，腌渍约15分钟。

4 红薯淀粉铺平于盘内，将腌好的排骨两面均匀地沾上红薯淀粉，备用。

5 锅中放入适量食用油，烧热至170℃。

6 把排骨放入油锅中炸，再改转中火油炸2分钟后捞起，备用；续将油烧热至180℃后，将捞起的排骨再次放入油锅中炸约30秒后捞出，稍加装饰即可。

香椿排骨

排骨500克，香椿50克，鸡蛋1个，
面包粉150克

调料

五香粉、淀粉、盐、黑胡椒粉、芝麻
油、酱油、食用油各适量

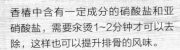

用时
25min

烹饪小技巧

香椿中含有一定成分的硝酸盐和亚
硝酸盐，需要汆烫1~2分钟才可以去
除，这样也可以提升排骨的风味。

做法

1 排骨洗净并擦干；鸡蛋取蛋液。

2 香椿叶洗净沥干水分切碎，备用。

3 将面包粉与淀粉混合拌匀，备用。

4 将排骨放入容器中，加入鸡蛋液、五香
粉、盐、黑胡椒粉、芝麻油、酱油，拌匀
后腌渍20分钟，备用。

5 将香椿碎加入腌料容器中一起拌匀后，放
入混合的面包粉和淀粉中，使排骨均匀地
沾上粉后，备用。

6 起锅，放入适量食用油烧至160℃，将排
骨放入油锅中炸约3分钟至金黄色，捞出
即可。

椒盐排骨

排骨300克，葱花30克，蒜末15克，红辣椒末15克

A：盐、鸡粉、白糖、小苏打、蛋清、米酒、水淀粉适量。B：椒盐粉5克，食用油适量

用时 45min

烹饪小技巧

在制作酥炸菜肴时，加入大量的吉士粉，可以增加菜肴的色泽和松脆感，但其奶香味和果香味会掩盖原料的本味，所以加入吉士粉要适量。

1 将排骨剁成大块，洗净沥干。

2 调料A调匀，将排骨放入，腌渍约30分钟。

3 热一锅，下入适量食用油烧热至约160℃，将腌好的排骨一块一块入油锅。

4 小火炸约10分钟至表面酥脆后捞起。

5 洗净锅，放入少许食用油，小火爆香葱花、蒜末及红辣椒末。

6 锅内放入炸好的排骨，撒上调料B后小火炒匀即可。

香酥猪肋排

酥，酥，酥！

炸排骨加入蒜头酥、红葱酥，使整道菜更加美味，平时家里来客人，可以用这道菜来招待。

原料

排骨300克，蒜头酥20克，红葱酥10克，辣椒末5克

调料

A：盐2克，鸡粉2克，白糖3克，蛋清10毫升，料酒8毫升，水淀粉15毫升。B：胡椒粉5克，食用油适量

难度 ★★★★★
用时
42min

烹饪小技巧

在锅中油炸排骨的时候，一定要注意火候，应该采用小火，这样炸出来的排骨更加香脆，更加美味。

做法

1 排骨剁成小块，洗净沥干，备用。
2 将调料A调匀，放入排骨块腌渍约45分钟。
3 热锅，倒入约500毫升食用油烧热至油温约150℃，将排骨一块一块放入油锅中。
4 以小火慢炸约13分钟，至排骨块表面酥脆、内部熟软后捞起沥油。
5 将炸好的排骨块装盘，撒上胡椒粉即可。

酥炸猪排

酥脆的外表下有颗柔软的心，轻轻地咬一口，浓郁的脆香伴着番茄沙司在舌尖翩翩起舞。

原料

大排骨6片，鸡蛋1个，蒜末10克

调料

面粉30克，水淀粉20毫升，黏米粉20克，酱油15毫升，胡椒盐3克，芝麻油3毫升，食用油适量

难度 ★★★★★
用时 185min

烹饪小技巧

将排骨块裹上用面粉与鸡蛋混合的粉浆时，要控制好量，避免粉浆过后影响排骨的口感。

做法

1　将大排骨洗净，沥干水分，备用。

2　用肉槌拍打至组织松软后，再加入蒜末、水淀粉、酱油、胡椒盐、芝麻油，拌至均匀。

3　放入冰箱冷藏，腌渍约3小时备用。

4　将鸡蛋、面粉、黏米粉混合，拌打均匀备用。

5　将排骨均匀沾裹粉料，放入油锅以150℃的油温炸至熟透。

6　食用时沾点番茄沙司，风味更佳。

味噌炸排骨

很日式的排骨

营养丰富、味道独特的味噌，与排骨完美结合，炸出来的猪排鲜嫩酥脆、诱人多汁，让人吃了一块还想吃第二块。

原料

排骨500克，葱末5克，红薯淀粉1/2杯，面包粉1杯

调料

米酒30毫升，味啉10克，味噌20克

难易 ★ ★ ★ ★ ☆
用时 35min

烹饪小技巧

在准备炸排骨的时候，可以多加搅拌至均匀，这样可以使得排骨在锅中受热的时候会更加容易均匀，吃起来口感更好。

做法

1 将排骨洗净，沥干水分，再擦干。

2 把红薯淀粉、面包粉放入碗中，拌至均匀，备用。

3 取一容器，倒入米酒、味啉、味噌调匀，放入葱末，将排骨与腌料充分拌匀，腌渍30分钟，备用。

4 将腌好的排骨放入调匀的红薯面包粉中，均匀地沾裹上粉后，备用。

5 起一锅，放入适量食用油烧热至160℃，再放入排骨，转小火炸2分钟捞起。

6 续转大火，再次放入炸过的排骨炸至外观呈金黄色即可捞起。

烤猪肋排

原料

猪肋骨1块（300克），白洋葱30克，蒜末5克，蜂蜜30克，辣椒粉8克

调料

黑胡椒5克，迷迭香、盐、鸡粉、生粉、生抽各适量

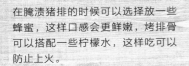

烹饪小技巧

在腌渍猪排的时候可以选择放一些蜂蜜，这样口感会更鲜嫩，烤排骨可以搭配一些柠檬水，这样吃可以防止上火。

做法

1 将洗净的猪肋排斜刀划上网格花刀；白洋葱切粒；迷迭香撕成小段，用刀切碎。

2 取一个大盘，放入洋葱、黑胡椒、蒜末、辣椒粉、盐、鸡粉、生粉、蜂蜜，注入少许清水，淋入生抽，搅拌均匀制成腌料。

3 倒入迷迭香，搅拌均匀，放入猪肋排，均匀地将两面裹上腌料，腌渍2小时至入味。

4 将锡纸铺在烤盘上，放入猪肋排，放入烤箱中。

5 将上下温度调至180℃，定时烤40分钟。

6 取出猪肋排，放在砧板上，切成方便食用的条状，摆盘即可。

烤箱排骨

扫一扫跟着视频做

原料

排骨段270克，蒜头40克，姜片少许

调料

盐、鸡粉各2克，白胡椒粉少许，蚝油5毫升，料酒2毫升，生抽3毫升，食用油适量

腌段 ★★★★
用时
25min

烹饪小技巧

在选购排骨段的大小时，应该尽量选择小一些的，这样能缩短烤制的时间，容易烤熟透，更加能够入味。

做法

1 将洗净的排骨段装在碗中。

2 倒入蒜头、姜片，淋上料酒、生抽、蚝油、白胡椒粉、盐、鸡粉，拌匀，腌渍一会儿，待用。

3 烤盘中刷上底油，放入腌渍好的排骨段，铺平，推入预热的烤箱。

4 关好箱门，调上火温度为200℃，选择"双管发热"功能，再调下火温度为200℃，烤约20分钟，至食材熟透。

5 断电后打开箱门，取出烤盘。

6 稍微冷却后将烤好的菜肴装入盘中即成。

香烤排骨

零厨艺也能做的 美味

色泽红亮油润的烤排骨，边缘处烤得回略微焦黄，香气十足，看着就那么诱人，等着收获家人与朋友的赞美吧。

原料

猪大排300克，葱段、姜片各少许，八角1个

调料

盐4克，鸡粉3克，料酒5毫升，老抽3毫升，水淀粉、食用油各适量

难度 ★★★★☆
用时 36min

烹饪小技巧

在清洗猪大排的时候，可以滴上几滴柠檬汁，这样可以消除其中的腥味，或者加些许白醋也行。

做法

1　将洗净剁块的猪大排放入备好的碗中。
2　加入盐、1克鸡粉，淋入料酒、老抽，充分拌匀，腌渍2小时，待用。
3　烤箱调至200℃，预热好，放入腌渍后的排骨块，定时烤40分钟。
4　等烤制的排骨快好时，取炒锅，倒入八角、姜片，注入适量清水，拌匀，大火煮开后转中火，在加入葱段、2克鸡粉、水淀粉，拌匀制成浓汁。
5　取出烤好的排骨，浇上浓汁即可。

黑胡椒肋排

美食中的又一中西合璧典范，将国人爱吃的排骨，裹上黑椒，用西式的烤箱烤制，碰撞出完美的味蕾体验！

原料

肋排600克，青椒10克，黄椒10克，蒜末10克

调料

酱油5毫升，辣酱油5毫升，黑胡椒粉10克，红酒10毫升，嫩肉粉、盐各少许，食用油1大匙

难度 ★★★★★
用时
166min

烹饪小技巧

烤肋排的时间不宜太久，否则会太韧，更不易嚼，在烤制的时候，应该先把时间设置得短一点儿，观察后再根据排骨的外观，选择继续或停止。

做法

1 将肋排洗净，再沥干水分，备用。

2 将肋排、蒜末与所有调料混合拌至均匀，腌渍约1个半小时备用。

3 把青椒、黄椒分别洗净，再切成末，放入碗中混合均匀。

4 将腌好的肋排放入已预热的烤箱中，以200℃烤约35分钟。

5 边烤边刷上调味汁，最后撒上青椒、黄椒末续烤5分钟即可。

奶酪猪排

奶酪跟猪排太搭了！

吃腻了炒排骨、糖醋排骨，想来点儿特点的。一台烤箱，一片奶酪，带你做出不一样的美味。你敢尝试，生活就敢给你惊喜！

原料

带骨大里脊排4片，奶酪丝250克，西芹少许，奶油少许

调料

蜂蜜10克，酱油15毫升

难度 ★★★★☆
用时 38min

烹饪小技巧

在猪排上面可以涂抹一点儿食用油或是芝麻油，这样可以增添肉质的嫩度，也可以防止猪排烤焦黑，还能使得猪排口味更佳。

做法

1 将带骨大里脊排洗净，用刀背或肉锤两面拍松。

2 放入蜂蜜和酱油，浸泡30分钟，至食材入味，备用。

3 取一平底锅，热锅后放入少许奶油，待奶油熔化后，放入大里脊排。

4 用中火煎至两面皆变色，且筷子可轻易戳过时离火取出。

5 取一烤盘，铺上铝箔纸，放上大里脊排，并于大里脊排上均匀撒上奶酪丝，即可放入烤箱内。

6 用200℃烤约5分钟，至表面奶酪软化呈金黄色时取出，趁热撒上西芹即可。

蜜汁烤排骨

原料

猪小排500克，蒜末30克，姜末20克

调料

A：酱油5毫升，五香粉2克，白糖10克，豆瓣酱5克。B：麦芽糖30克

做法

1 猪小排剁成长约5厘米的块。

2 洗净沥干，将蒜末、姜末和调料A混合，均匀涂抹于肉排上腌20分钟备用。

3 将麦芽糖加适量水煮溶备用。

4 烤箱预热至200℃，取腌好的肉排平铺于烤盘上。

5 放入烤箱烤约20分钟。

6 取出烤好的肉排，刷上麦芽糖汁即可。

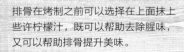

用时
42min

烹饪小技巧

排骨在烤制之前可以选择在上面抹上些许柠檬汁，既可以帮助去除腥味，又可以帮助排骨提升美味。

香烤特色陈皮排骨

扫一扫跟着视频做

原料

排骨230克，陈皮丝45克，葱段、姜丝各少许

调料

盐1克，生抽、料酒、水淀粉各5毫升，食用油适量

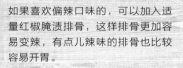

烹饪小技巧

如果喜欢偏辣口味的，可以加入适量红椒腌渍排骨，这样排骨更加容易变辣，有点儿辣味的排骨也比较容易开胃。

做法

1 洗净的排骨装碗。

2 倒入陈皮丝、葱段、姜丝、料酒、生抽、盐、水淀粉、食用油，拌匀，腌渍5小时至入味。

3 备好烤箱，取出烤盘，铺上锡纸，刷上一层油，放上腌好的排骨。

4 打开箱门，将烤盘放入烤箱中，将上火温度调至200℃、下火温度调至200℃。

5 选择"双管发热"功能，烤20分钟至熟透入味。

6 取出烤盘，将烤好的排骨装盘即可。

甜辣酱烤排骨

有种置身于 泰国的感觉

原以为烤排骨已经够好吃了，没想到又出新招！泰式甜辣酱烤排骨，甜辣酱包裹着烤排骨，那种美味，有一种无法形容的满足感。

原料

排骨250克

调料

A：蒜香粉5克，酱油15毫升，白糖5克，米酒15毫升。B：泰式甜辣酱20克

难度 ★★★★☆
用时 43min

烹饪小技巧

在烤排骨的时候，应该把握烤制的时间，这一点是非常重要，这个直接影响到排骨的口味，还可以避免排骨不熟或过熟。

做法

1 将排骨剁成长约5厘米的长条。

2 放入水中洗净，沥干水分，备用。

3 将所有调料A混合均匀。

4 加入排骨条腌渍约20分钟。

5 烤箱预热，将腌渍好的排骨条平铺于烤盘上，放入烤箱以220℃烤约18分钟，至排骨表面略微焦黄。

6 取出刷上泰式甜辣酱，再放入烤箱烤约1分钟即可。

韩式烤猪排

这道猪排 很特别

别以为韩国只有泡菜，还有很多美味呢！这道韩式烤猪排，一定能成功挑起你的食欲！

原料

猪小排500克，葱丝20克，蒜末10克，姜汁5克，洋葱半个，青椒、红椒各1个，柠檬片适量

调料

芝麻油10毫升，生抽10毫升，白糖5克，黑胡椒粉适量

难度 ★ ★ ★ ☆ ☆
用时 10min

烹饪小技巧

可选择分次刷酱汁，这样使排骨更加容易入味，另外，烤排骨的时候，应该特别注意烤排骨的火力大小，不要将排骨烤焦。

做法

1 洗净的猪小排切成段，沥干水分。

2 装碗中，加入姜汁、2克白糖。

3 将洗净的洋葱切成丝，洗净的青椒切成丝，洗净的红椒切成丝。

4 将生抽、3克白糖、葱丝、蒜末、芝麻油、黑胡椒粉，拌匀，制成酱汁。

5 取一半酱汁放入排骨中拌匀，将烤架加热，放上排骨，刷上酱汁，烤三分钟后翻面。

6 刷上酱汁，放上青椒丝、红椒丝、洋葱丝一起烤，烤熟装盘，放上切好的柠檬片即成。

PART 4

蒸、卤篇：品尝 排骨 的别样风味

蒸排骨无疑是最原汁原味的做法，只要处理好材料，放入蒸笼或电锅内，就可等着好菜上桌。卤排骨由于熬煮时间长，充分吸收了调料的滋味与香气，因此肉质软嫩又入味，让人口齿留香。

豉汁蒸排骨

正餐用来下饭，特美味

豉汁搭配排骨简直就是完美，鲜嫩的排骨带着浓郁的豉汁味道，在家也能享受正宗的广式茶楼风味。

原料

排骨500克，豆豉末20克，葱叶、葱末、蒜末、姜末各少许

调料

老抽、生抽、盐、白糖、味精、鸡精、生粉、柱侯酱、芝麻油、料酒、食用油各适量

难度 ★★★☆

用时 18min

烹饪小技巧

排骨在烹饪前一定要先汆水，再将其水分沥干，这样蒸出来的排骨味道更纯正，口感更清爽。

做法

1　将斩好的排骨装入碗中，加入少许盐、白糖、味精、鸡精、料酒，腌渍入味。

2　锅中注入少许食用油烧热，加入姜末、蒜末、葱末、豆豉末、老抽、生抽、清水，炒匀。

3　放入盐、白糖、味精、柱侯酱、芝麻油，制成豉汁，盛出备用。

4　将腌渍好的排骨撒上豉汁，拌匀入味，加入生粉、芝麻油，拌至入味，将拌好的排骨摆在另一盘中，放入蒸锅。

5　盖上盖子，用中火蒸约15分钟至材料熟透。

6　取出蒸好的排骨。撒上葱叶，浇入少许热油即成。

豆瓣排骨蒸南瓜

看走眼的 南瓜

南瓜垫在排骨底下，总是那样的不起眼，可是，只有吃到最后，舍不得放下筷子的人，才会知道什么叫看走眼。

原料

排骨段300克，南瓜肉150克，姜片、葱段各5克，葱花3克

调料

豆瓣酱15克，鸡粉3克，蚝油8毫升，干淀粉5克，料酒8毫升，生抽10毫升

难度 ★★★☆☆
用时 11min

烹饪小技巧

在切南瓜的时候，厚度最好均匀一些，比较容易入味，在摆盘时南瓜也可以更加整齐美观。

做法

1 将洗净的南瓜切片。

2 把洗好的排骨段放碗中，撒上葱段、姜片，放入料酒、生抽、鸡粉、蚝油、豆瓣酱、干淀粉，拌匀，腌渍一会儿。

3 取一蒸盘，放入南瓜片，摆好造型，再放入腌渍好的排骨段，码好。

4 备好电蒸锅，烧开水后放入蒸盘。

5 盖上盖，蒸约8分钟，至食材熟透。

6 断电后揭盖，取出蒸盘。趁热撒上葱花即可。

荷香糯米蒸排骨

很饱肚子的排骨

排骨吸收了荷叶的清香，糯米吸取了排骨的鲜美，一口糯米一口排骨，又能当菜又可当饭，那感觉真满足！

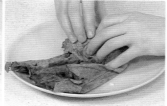

原料

荷叶4片，排骨块260克，水发糯米120克，姜蓉、葱花各3克

调料

腐乳汁、海鲜酱各20克，生抽10毫升

难度 ★★★★☆
用时 60min

烹饪小技巧

在腌渍排骨的过程中，腌渍时间可以稍微长一点儿，这样做的目的是可以让排骨更加入味。

做法

1 取一碗，放入排骨块，加入姜蓉、葱花、腐乳汁、海鲜酱、生抽，拌匀，腌渍15分钟。

2 取两个盘子，一个放上荷叶，另一个倒入糯米，将排骨沾上糯米。

3 将排骨放到荷叶上，包好。按照相同方法包好剩余的排骨块，将包好的排骨放到盘子中。

4 取电蒸锅，注入适量清水烧开，放入排骨。

5 盖上盖，将时间调好，蒸40分钟。

6 揭盖，取出蒸好的排骨，打开荷叶即可食用。

红薯蒸排骨

越是普通的食材 **潜力越大**

普普通通的红薯，与排骨扯上关系后，就变得不再普通。红薯香软入味，排骨清香诱人，这道菜，至少得扒两碗饭！

难度 ★★★★★
用时 58min

烹饪小技巧

在切红薯的时候，应该切得小一些，这样更加容易蒸熟，还能更好地入味，口感也更香软。

做法

1 将去皮洗净的红薯切开，再切小块。

2 取一大碗，放入排骨段、姜片、葱段、枸杞、盐、鸡粉、料酒、生抽、老抽、胡椒粉、花椒油，拌匀，腌渍约20分钟。

3 另取一蒸碗，将姜片、葱段、枸杞、香菇、排骨段、红薯块码放整齐。

4 蒸锅加水上火烧开，放入蒸碗。

5 盖上盖，用大火蒸约35分钟，至食材熟透。

6 关火后揭盖，取出蒸碗，稍微冷却后倒扣在盘中，再取下蒸碗，摆好盘即可。

酱香莲藕蒸排骨

原料

排骨300克，去皮莲藕240克，黄豆酱15克，姜片、葱段各5克，香菜适量

调料

盐2克，白糖3克，料酒8毫升

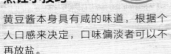

烹饪小技巧

黄豆酱本身具有咸的味道，根据个人口感来决定，口味偏淡者可以不再放盐。

做法

1 莲藕切0.5厘米的薄片。

2 洗净的排骨装碗，加入料酒、姜片、葱段、盐、白糖、黄豆酱，拌匀，腌渍15分钟至入味。

3 将藕片和腌好的排骨相互穿插排列在盘子中，放上和排骨一同腌渍的葱段和姜片。

4 取出已烧开水的电蒸锅，放入食材。

5 盖上盖子，设制好时间旋钮，蒸20分钟至熟软。

6 揭开盖，取出酱香莲藕蒸排骨，放上香菜即可。

酱蒸排骨段

原料

排骨300克，叉烧酱15克，蒜末5克

调料

白糖5克，生抽4毫升，鸡粉4克，生粉3克，盐3克，食用油适量

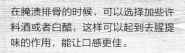

烹饪小技巧

在腌渍排骨的时候，可以选择加些许料酒或者白醋，这样可以起到去腥提味的作用，能让口感更佳。

做法

1 将洗净的排骨装碗，加入生抽、蒜末、盐、白糖、鸡粉、生粉、叉烧酱、食用油，拌匀，腌渍30分钟至入味。

2 将拌好的排骨装入干净的盘中。

3 取出电饭锅，打开盖子，通电后倒入水。

4 装好蒸笼，放入腌好的排骨。

5 盖上盖子，按下"功能"键，调至"蒸煮"状态，煮50分钟至排骨熟软入味。

6 按下"取消"键，打开盖子，将电饭锅断电，戴上隔热手套后，再取出蒸好的排骨即可。

酱香黑豆蒸排骨

扫一扫跟着视频做

口感和口味都极佳

其貌不扬的黑豆其实营养价值很高，用黑豆搭配排骨，再放点儿豆瓣酱，排骨吸收了黑豆和豆瓣酱的香味，让这道菜的口味富有层次感。

原料

排骨350克，水发黑豆100克，姜末5克，花椒3克

调料

盐2克，豆瓣酱40克，生抽10毫升，食用油适量

烹饪小技巧

黑豆具有高蛋白、低热量的特性，可消肿下气、补血安神、明目健脾，日常烹制菜肴时可以提前泡发，以便缩短烹制时间。

做法

1 将洗净的排骨沥干水分，装入碗中。

2 倒入泡好的黑豆，放入豆瓣酱、生抽、盐、花椒、姜末、食用油，拌匀，腌渍20分钟至入味。

3 将腌好的排骨装盘中。

4 取出已烧开上汽的电蒸锅，放入腌好的排骨。

5 加盖，调好时间旋钮，蒸40分钟至熟软入味。

6 揭盖，取出蒸好的排骨即可。

开胃酸辣排骨

绿树阴浓夏日长，酸辣排骨胃口涨，水晶帘动微风起，满架蔷薇一院香。

原料

排骨400克，蒜蓉8克，姜蓉10克，葱花8克，豆豉5克，剁椒8克

调料

白糖8克，盐2克，醋8毫升，干淀粉8克，生抽8毫升，蚝油5毫升

难度 ★★★☆☆
用时 30min

烹饪小技巧

在腌渍排骨的时候，可以选择将排骨多腌渍一会儿，这样更加容易入味，最重要的是，口感会更好。

做法

1 备好一个大容器，倒入处理好的排骨。

2 放白糖、醋、生抽、剁椒、蒜蓉、蚝油、盐、姜蓉、豆豉、干淀粉，拌匀，腌渍15分钟。

3 将腌渍好的排骨装入蒸盘中，待用。

4 电蒸锅注入适量清水烧开，放入排骨。

5 盖上锅盖，调转旋钮定时蒸15分钟。

6 待时间到，掀开盖，将排骨取出，撒上备好的葱花即可。

豌豆蒸排骨

 **营养美味两不误**

清新香甜的豌豆与排骨一起蒸食，豌豆吸收了排骨的肉香，排骨又夹杂着豌豆的阵阵清香，好吃到你停不下来！

原料

排骨段350克，豌豆80克，蒸肉米粉50克，红椒丁10克，姜片5克，葱段5克

调料

盐3克，生抽10毫升，料酒10毫升

难度 ★★★☆
用时 35min

烹饪小技巧

豌豆易熟，烹制菜肴的时候要控制好时间，太久会影响口感，营养价值也会流失，因此不要在一开始蒸排骨的时候一同加入。

做法

1 将洗净的排骨段放入碗中，加入料酒、生抽、1克盐、25克蒸肉米粉、葱段、姜片，拌匀，腌渍一会儿。

2 把洗好的豌豆装在另一小碗中，放入红椒丁、2克盐、25克蒸肉米粉，拌匀。

3 取一蒸碗，倒入腌渍好的排骨，码好。

4 备好电蒸锅，烧开水后放入蒸碗。

5 盖上盖，蒸约20分钟，至食材熟软，取出蒸碗，待稍微冷却后再放入拌好的豌豆，做好造型。

6 把蒸碗放入烧开水的电蒸锅中，蒸约10分钟，至食材熟透，取出蒸碗，稍冷却后即可食用。

香芋排骨

排骨180克，香芋120克，蒜油、碱水、蒜末各适量

花生酱、豆瓣酱、食粉、盐、白糖、鸡粉、生粉、豆豉油、食用油各适量

烹饪小技巧

在炸香芋的时候，应该注意不要将香芋炸得过熟，以免造成放入蒸锅以后蒸得过烂。

1 将排骨装入碗中，加入碱水、食粉、清水，拌匀，腌渍10分钟。

2 热锅注油烧至六成热，放入香芋，搅拌，炸约2分钟至七八成熟，捞出。

3 取碗，放入盐、白糖、鸡粉、蒜末、花生酱、蒜油、豆瓣酱、清水、排骨、生粉、豆豉油，拌匀。

4 香芋装入盘中，放上拌好的排骨，装入蒸笼，放入烧开的蒸锅。

5 加盖，大火蒸10分钟。

6 揭盖，取出蒸好的香芋排骨即可。

腐乳花生蒸排骨

原料

排骨250克，花生80克，红椒丁15克，葱花5克，姜末5克

调料

柱侯酱5克，生粉8克，腐乳汁10毫升，生抽10毫升，食用油适量

烹饪小技巧

腐乳汁和柱侯酱都分别含有咸味，烹制时可以选择少放点儿生抽及不放盐的方式来避免菜肴的味道过咸。

做法

1　将洗净的排骨装入碗中，加入花生、红椒丁、生抽、腐乳汁、柱侯酱、姜末，拌至均匀，腌渍15分钟至入味。

2　倒入生粉、食用油，拌匀。

3　将拌至均匀的排骨装入盘中。

4　取出已烧开上汽的电蒸锅，放入腌渍好的排骨。

5　加盖，调好时间旋钮，蒸30分钟至排骨熟软入味。

6　揭盖，取出蒸好的排骨，撒上葱花即可。

香浓蚕豆蒸排骨

扫一扫跟着视频做

滴滴香浓 回味无穷

香浓的蚕豆，搭配鲜美多汁的排骨，
此物只应天上有，人间哪得几回闻，
每一口都令你回味无穷。

原料

排骨200克，蚕豆85克，姜蓉5克

调料

盐2克，生抽5毫升，料酒5毫升，干
淀粉10克，老抽3毫升

难度 ★★★☆
用时 35min

烹饪小技巧

在排骨氽水的时候，也可以选择多氽
一道水，这样做可以减轻排骨的油
腻，还能增强口感。

做法

1 取一个大容器，倒入处理好的排骨。

2 放入料酒、姜蓉、生抽、老抽、盐、干淀粉，拌匀，腌渍15分钟。

3 倒入蚕豆，搅拌片刻，将拌好的排骨倒入蒸盘中，待用。

4 电蒸锅注水烧开，放入排骨。

5 盖上锅盖，调转旋钮定时15分钟。

6 待时间到，掀开盖，将排骨取出即可。

小米洋葱蒸排骨

简简单单，但很美味

健脾养胃的小米加上可提高食欲的洋葱，再配上香醇浓郁的排骨，果真是一道简单又好吃的蒸菜。

原料

水发小米200克，排骨段300克，洋葱丝35克，姜丝少许

调料

盐3克，白糖、老抽各少许，生抽3毫升，料酒6毫升

难度 ★★★★☆
用时 57min

烹饪小技巧

在腌渍材料时，腌渍时间可以稍微偏长一些，这样能够使得食材更加容易入味，菜肴的口感也会更好。

做法

1 把洗净的排骨段装入碗中，放入洋葱丝、姜丝、盐、白糖、料酒、生抽、老抽、小米，拌至均匀。

2 把拌好的材料转入蒸碗中，腌渍约20分钟，待用。

3 蒸锅上火烧开，放入蒸碗。

4 盖上盖，用大火蒸约35分钟，至食材熟透。

5 关火后揭盖，取出蒸好的菜肴。

6 稍微冷却后食用即可。

玉米粒蒸排骨

扫一扫跟着视频做

粒粒香甜，口口美味

味道清甜的玉米很好地消除了排骨的油腻，将排骨的肉香发挥到极致，真是太好吃了！

原料

排骨段260克，玉米粒60克，蒸肉米粉30克，姜末3克

调料

盐3克，蚝油10毫升，老抽2毫升，生抽10毫升，料酒10毫升

烹饪小技巧

玉米味道香甜，具有良好的防癌抗癌功效，搭配排骨制作而成的菜肴，营养均衡，口感也极为丰富。

做法

1 取一大碗，倒入洗净的排骨段，加入生抽、老抽、料酒、盐、蚝油、姜末、蒸肉米粉，拌至均匀。

2 转到蒸盘中，摆放好，撒上洗净的玉米粒，腌渍一会儿。

3 备好电蒸锅，烧开水后放入蒸盘。

4 盖上盖，蒸约30分钟，至食材熟透。

5 断电后揭盖，取出蒸盘。

6 稍微冷却后即可食用。

竹叶蒸排骨

原料

肋排300克，蒜末20克，姜末10克，竹叶4张

调料

蚝油、花椒粉、酒酿、白酒、绍兴酒、芝麻油各适量

做法

1　肋排剁成长约5厘米的小块，洗净后沥干水分。

2　竹叶用开水烫软后洗净，备用。

3　将排骨及姜末、蒜末与所有调料一起拌匀后，腌渍约20分钟备用。

4　竹叶摊开，放入1块腌渍好的肋排，用竹叶包起，放置盘上，将其余材料依序卷完。

5　将竹叶排骨卷放入蒸锅中，以大火蒸约30分钟后取出。

6　食用时打开竹叶即可。

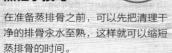

用时
55min

烹饪小技巧

在准备蒸排骨之前，可以先把清理干净的排骨汆水至熟，这样就可以缩短蒸排骨的时间。

茯苓粉蒸排骨

排骨段130克,水发糯米150克,茯苓粉20克,姜末、葱花各少许

调料

盐、鸡粉各2克,生抽、料酒各少许,芝麻油适量

做法

1 取一个干净的大碗,倒入洗净的排骨段。

2 放入茯苓粉、姜末、盐、生抽、料酒、鸡粉、糯米、芝麻油,拌至均匀。

3 取一个蒸盘,放上拌好的食材,备用。

4 蒸锅上火烧开,放入蒸盘。

5 盖上盖,用中火蒸15分钟至食材熟透。

6 揭盖,取出蒸好的排骨,撒上葱花即可。

难度 ★★★☆☆
用时 17min

烹饪小技巧

可以将糯米泡发一夜后再蒸,这样更容易熟透,还可以缩短烹饪时间。

可乐卤排骨

给小孩的 奖励菜

很多的小朋友都喜欢喝可乐，但是常喝可乐对身体有害无益。顺着小朋友的喜好，可以把可乐入菜，做成可乐卤排骨。偶尔，给孩子一份小奖励吧！

原料

排骨700克，辣椒2个，姜20克，葱段30克

调料

盐5克，可乐300毫升，食用油适量

难度 ★ ★ ★ ★ ☆
用时 48min

烹饪小技巧

注意可乐不要倒入太多，以免掩盖排骨本身的鲜味，也会影响到这道菜的整体味道。

做法

1 洗净的排骨剁小块。

2 将排骨放入沸水锅中汆烫约3分钟，再取出洗净备用。

3 辣椒洗净对切，姜洗净切片。

4 热锅，倒入食用油，以小火爆香葱段、姜片及辣椒，炒香后放入汤锅中。

5 倒入排骨，可乐、盐，注入适量水，盖上锅盖，持续以小火煮滚。

6 卤约40分钟至排骨熟软即可取出。

孜然卤香排骨

这可不是一道 烧烤菜 哦！

一听到孜然，就会联想到烧烤。但这可是一道卤菜哦，排骨加入孜然，再加入各种香料一起卤制，原本平凡的卤排骨竟然吃出了一种烧烤的味道。

扫一扫跟着视频做

原料

排骨段400克，青椒片20克，红椒片25克，姜块30克，蒜末15克，香叶、桂皮、八角、香菜末各少许

调料

盐2克，鸡粉3克，孜然粉4克，料酒、生抽、老抽、食用油各适量

难度 ★★★★☆
用时
37min

注意在进行汆排骨的时候，一定要等水烧开以后再放入排骨，这样能锁住排骨的营养。

做法

1 锅中注入适量清水烧开，倒入排骨段，汆片刻。
2 关火后将汆好的排骨段捞出，沥干水分，装入盘中备用。
3 用油起锅，放入香叶、桂皮、八角、姜块，炒匀。
4 加入排骨段、料酒、生抽、清水、老抽、盐，拌匀。
5 加盖，大火烧开后转小火煮约35分钟至食材熟透。
6 揭盖，放入青椒片、红椒片、鸡粉、孜然粉、蒜末、香菜末，炒匀，挑出香料及姜块，将炒好的菜肴装入盘中即可。

PART 5

炖、煮篇：让这锅排骨 温暖 你的胃

炖、煮排骨的共同特点是烹饪的时间较长。炖排骨香软入味，而煮排骨多为汤品，做法简单，轻松上手。炖、煮排骨一般都是热气腾腾的，不仅温暖了你的胃，还能温暖你的心。

土豆炖排骨

土豆和排骨 都很入味

切成块状的土豆，与排骨一起入锅炖，土豆软烂，
排骨入味，真的非常美味哦！

扫一扫跟着视频做

原料

排骨255克，土豆135克，八角10克，葱段、姜片各少许

调料

料酒10毫升，盐2克，鸡粉2克，生抽4毫升，食用油适量

难度 ★★★★☆
用时
35min

烹饪小技巧

给排骨汆水时可加点儿料酒，能更好地去腥；土豆块不宜切得太大，否则会延长烹饪的时间。

做法

1 洗净去皮的土豆切粗条，改切成块。

2 锅中注入适量清水大火烧开，倒入处理好的排骨，汆去除血水和杂质，关火后将排骨捞出，沥干水分。

3 用油起锅，倒入葱段、姜片、八角，爆香。

4 放入排骨、料酒、土豆块、生抽、清水，炒匀。

5 盖上盖，大火煮开后转小火炖30分钟。

6 掀开锅盖，加入盐、鸡粉，翻炒调味，关火后将炖好的菜肴盛出装入盘中即可。

酸菜炖排骨

翠花，**上酸菜~**

排骨融合了酸菜的微微酸味，既解油腻又可口。那汤汁就能消灭两大碗白饭！

推荐 ★★★☆

用时 25min

烹饪小技巧

粉条可以提前泡发好，以便缩短烹饪的时间。

做法

1 锅中注入清水大火烧开，倒入洗净的排骨，汆煮片刻去除血水。

2 将汆好的排骨捞出，沥干水分，待用。

3 用油起锅，倒入八角、花椒、姜片、葱段，爆香。

4 倒入排骨、料酒、酸菜、清水、盐，使其均匀。

5 盖上锅盖，大火煮开后转小火炖15分钟。

6 揭开锅盖，倒入泡发好的粉条，加入鸡粉、胡椒粉，翻炒调味，关火后将菜肴盛出装入碗中即可。

扫一扫跟着视频做

马蹄炖排骨

原料

马蹄肉100克，排骨180克，姜片、
蒜末、葱段各少许

调料

盐2克，鸡粉2克，料酒、生抽、老
抽、蚝油、水淀粉、食用油各适量

油腻★★★★★

用时
20min

烹饪小技巧

马蹄口感脆爽，切成小块，更容易
入味。

做法

1 将马蹄肉切成小块，备用。

2 锅中注入清水烧开，倒入排骨块，搅匀，煮
1分钟，汆去血水，把汆过水的排骨捞出。

3 用油起锅，放入姜片、蒜末，爆香，放入
排骨、料酒、生抽、马蹄、清水，拌匀。

4 加入盐、鸡粉，搅拌均匀，放入蚝油，拌
匀煮沸。

5 盖上盖，用小火炖15分钟至食材熟透。

6 揭盖，倒入老抽、水淀粉，炒匀，把炒好
的菜盛出，装入盘中，放上葱段即可。

萝卜排骨酥汤

排骨200克，鸡蛋1个，白萝卜1个，
低筋面粉适量

调料

鲜美露85毫升，米酒10毫升，五香
粉、胡椒粉各少许，食用油适量

做法

1 鲜美露50毫升、米酒、五香粉及鸡蛋拌
匀后，放入排骨腌渍约30分钟。

2 将排骨裹上一层薄薄的低筋面粉。

3 放入油温为180℃的油锅中，炸至外观呈
金黄色即可捞起沥油备用。

4 白萝卜洗净去皮后，先切成2厘米厚片，
再分切成4等份块状。

5 取汤锅，加入炸过的排骨、萝卜块，注入
清水，倒入剩下的鲜美露，煮熟食材。

6 盛入碗中，食用前再加入备好的胡椒粉，
拌匀即可。

用时
40min

烹饪小技巧

要控制好油的温度，防止排骨被炸
焦；另外，可以将萝卜切得小些，这
样更容易煮软。

苹果大枣炖排骨

把 水果 融入汤中

三种食材的完美搭配，让各自的优势发挥到极致，特别是炖了一个小时的汤水，营养全部都在汤中，鲜美的味道，暖入心、胃的感觉。

原料

排骨500克，苹果1个，大枣10颗

调料

盐3克

难度 ★★★★☆
用时
25min

烹饪小技巧

放入苹果后可以加盖稍焖数秒，以便更快地析出苹果的香味；另外，不要加入太多的调料，会盖过果味。

做法

1 排骨洗净切块，放入沸水中汆烫去血水，捞起沥干水分，备用。

2 苹果洗净后带皮切成8瓣，挖去子。

3 大枣清洗干净，备用。

4 将排骨、苹果和大枣放入电锅中。

5 注入适量的清水，大火煮沸后转中火炖至食材熟透。

6 待汤煮好后，加入盐调味即可。

排骨汤

扫一扫跟着视频做

材料简单，味道纯正

这道汤做法非常简单，味道也非常清爽。排骨汤中加入了姜片，可以去掉排骨的异味，在寒冷的冬日喝一碗带姜的排骨汤，还能祛除体内的寒气呢！

原料

排骨300克，姜片15克，香菜10克

调料

盐2克，鸡粉2克，白胡椒粉适量

推荐 ★★★★★

用时
65min

烹饪小技巧

煮排骨汤前要先汆水，这样可以去掉排骨的血水和杂质，可使汤水更加清爽、口感更好。

做法

1 锅中注入清水大火烧开，倒入处理好的排骨，汆去血水和杂质。

2 将排骨捞出，沥干水分，待用。

3 砂锅倒入清水，大火烧热，倒入排骨、姜片，搅拌片刻。

4 盖上锅盖，大火煮开后转小火煮1小时。

5 掀开锅盖，放入盐、鸡粉、白胡椒粉，搅拌调味。

6 将煮好的汤盛出装入碗中，摆放上香菜即可。

去皮胡萝卜100克，玉米170克，排骨块250克，冬菇60克

调料

盐2克

做法

1 洗净去皮的胡萝卜切滚刀块；玉米切段；冬菇去柄。

2 锅中注入清水烧开，放入洗净的排骨块，氽片刻。

3 关火后捞出氽好的排骨块，沥干水分，装入盘中。

4 砂锅中注入清水烧开，倒入排骨块、胡萝卜块、玉米段、冬菇，拌匀。

5 加盖，大火煮开后转小火煮1小时至食材熟透。

6 揭盖，加入盐，稍稍搅拌至入味，关火后盛出煮好的汤，装入碗中即可。

冬菇玉米排骨汤

扫一扫跟着视频做

用时
65min

烹饪小技巧

煮汤的时候，水要尽量一次性加足，避免中间加水，以免破坏汤汁的美味和营养。

核桃花生木瓜排骨汤

扫一扫跟着视频做

原料

核桃仁30克，花生仁30克，大枣25克，排骨块300克，青木瓜150克，姜片少许

调料

盐2克

做法

1 洗净的木瓜切块。

2 锅中注入清水烧开，倒入排骨块，汆片刻。

3 关火后将汆好的排骨块沥干水分，装盘备用。

4 砂锅中注入适量清水，倒入排骨块、青木瓜、姜片、大枣、花生仁、核桃仁，拌匀。

5 加盖，大火煮开转小火煮1小时至食材熟透。

6 揭盖，加入盐，搅拌片刻至入味，关火后盛出煮好的汤，装入碗中即可。

用时
65min

烹饪小技巧

花生仁的红衣营养价值很高，所以不用去掉；怕上火的可以把大枣的核去掉，再放入煮汤。

红腰豆莲藕排骨汤

扫一扫跟着视频做

排骨，你被莲藕抢戏啦！

莲藕自始至终还是炖最好吃，
那粉粉的口感非常好，连放在
里面的排骨都成了配角啦！

128

原料

莲藕330克，排骨480克，红腰豆
100克，姜片少许

调料

盐3克

难度 ★★★★★
用时
125min

烹饪小技巧

切好的藕可以放在水里浸泡，以免氧
化变黑；莲藕要切得小块一些，这样
更容易煮熟。

做法

1　洗净去皮的莲藕切成块状，待用。

2　锅中注入清水大火烧开，倒入备好的排骨，搅匀，汆片刻。

3　将排骨捞出，沥干水分，待用。

4　砂锅中注入清水烧热，倒入排骨、莲藕、红腰豆、姜片，拌匀。

5　盖上锅盖，煮开后转小火煮2小时至熟透。

6　掀开锅盖，加入盐，搅匀调味，将煮好的排骨盛出装入碗中即可。

肉骨茶

平凡食材熬出 **精品汤**

排骨搭配普普通通的圆白菜，也能做出美味汤，这整整1个小时才熬出来的精华，绝对是良心之作。

原料

猪大排骨200克，圆白菜80克，蒜10瓣，姜片10克

调料

盐5克，米酒5毫升，卤料包（当归5克，党参8克，玉竹4克，熟地8克，桂皮8克，陈皮4克，黄芪4克，甘草4克，胡椒粒6克）

难度 ★★★★★
用时 64min

烹饪小技巧

猪骨汆水时间不宜过久，以免破坏其营养；排骨在卤汁中煮的时间长一些会更入味。

做法

1 洗净的猪大排骨切小块，备用。

2 放入滚水中汆烫约1分钟，捞出后放入汤锅中备用。

3 圆白菜洗净撕小片，备用。

4 卤包材料用棉布包包好后放入汤锅中，再加入蒜及姜片、水。

5 开火煮沸后，转小火使汤保持在微滚沸的状态下，煮约50分钟后放入圆白菜。

6 煮约10分钟，加入盐及米酒调味即可。

扫一扫跟着视频做

薏米茶树菇排骨汤

原料

排骨280克，水发茶树菇80克，水发薏米70克，香菜、姜片各少许

调料

盐2克，鸡粉2克，胡椒粉2克

做法

1　泡好的茶树菇切去根部，对切成长段。

2　锅中注入清水大火烧开，倒入处理好的排骨，氽水去除血水。

3　将排骨捞出，沥干水分，待用。

4　砂锅中注入清水，大火烧开，倒入排骨、薏米、茶树菇、姜片，拌匀。

5　盖上盖，大火煮开后转小火煮1个小时。

6　掀开盖，加入盐、鸡粉、胡椒粉，搅拌调味，关火后将煮好的汤盛出装入碗中，摆放上香菜即可。

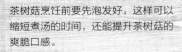

用时 63min

烹饪小技巧

茶树菇烹饪前要先泡发好，这样可以缩短煮汤的时间，还能提升茶树菇的爽脆口感。

玉竹菱角排骨汤

扫一扫跟着视频做

原料

排骨500克，水发黄花菜100克，菱
角100克，花生50克，玉竹20克，
姜片、葱段各少许

调料

盐3克

烹饪小技巧

黄花菜要完全泡发后再烹制，以免影
响其口感；比较喜欢吃软花生的人，
也可以事先将花生泡发好再煮。

做法

1 锅中注入清水大火烧开，倒入排骨，余水
去除血水杂质。

2 将排骨捞出，沥干水分。

3 砂锅中注入清水大火烧开，倒入排骨、菱
角、花生、玉竹、姜片、葱段，搅拌片
刻，煮1小时至熟软。

4 掀开锅盖，放入黄花菜，搅拌均匀。

5 盖上锅盖，续煮30分钟。

6 掀开锅盖，加入盐，搅拌片刻，将煮好的
汤盛出装入碗中即可。

薏米莲藕排骨汤

给排骨再加点"料"

薏米的功效很强大，既可以美白，又能瘦身消肿。爱吃排骨又爱美的女性朋友可以多吃这道薏米莲藕排骨汤哦！

扫一扫跟着视频做

原料

去皮莲藕200克，水发薏米150克，排骨块300克，姜片少许

调料

盐2克

难度 ★ ★ ★ ★ ★
用时
65min

烹饪小技巧

排骨先氽一下水再煮，可使汤汁的口感更佳；薏米要事先泡发好，这样可缩短烹饪时间。

做法

1 洗净的去皮莲藕切块，备用。

2 锅中注入清水烧开，倒入排骨块，氽水片刻。

3 关火后捞出氽好的排骨块，沥干水分，装盘待用。

4 砂锅中注入清水，倒入排骨块、莲藕、薏米、姜片，拌匀。

5 加盖，大火煮开转小火煮1小时至析出有效成分。

6 揭盖，加入盐，搅拌片刻至入味；关火，盛出煮好的汤，装入碗中即可。

双瓜黄豆排骨汤

扫一扫跟着视频做

双重 补钙汤水

黄豆和排骨富含钙质，另外，这道汤加入了冬瓜和苦瓜，清热解毒，适合在炎热的夏季食用，尤其适宜缺钙的人食用。

原料

冬瓜150克，苦瓜80克，水发黄豆85克，排骨段150克，姜片少许

调料

盐、鸡粉各少许

推荐 ★★★★★
用时
75min

烹饪小技巧

黄豆要完全泡发，煮熟后口感才好；不喜欢吃冬瓜皮的人，可以把冬瓜皮去掉再放进去煮。

做法

1 将洗净的冬瓜切块；洗好的苦瓜切开，去子，再切小块。

2 锅中注入清水烧开，放入洗净的排骨段，搅匀。

3 汆一会儿，去除血渍后捞出，沥干水分，待用。

4 砂锅中注入清水烧开，放入排骨、冬瓜块、苦瓜、黄豆、姜片，搅散。

5 盖盖，烧开后转小火煲煮约70分钟，至食材熟透。

6 揭盖，加入盐、鸡粉，搅匀，续煮一小会儿，盛出排骨汤，装在碗中即可。

排骨95克，去皮山药块35克，大枣10克，枸杞少许

做法

1 沸水锅中倒入洗净的排骨，氽一会儿，至去除血水和脏污。

2 捞出氽好的排骨，沥干水分，装盘待用。

3 砂锅注入适量清水烧开，加入排骨、大枣、山药块、枸杞，搅拌均匀。

4 加盖，用大火煮开后转小火续煮40分钟至食材熟软。

5 揭盖，搅拌一下。

6 关火后盛出煮好的汤，装碗即可。

山药大枣煲排骨

扫一扫跟着视频做

难度 ★★★★
用时 45min

烹饪小技巧

可根据个人口味添加适当的盐调味；山药切块后要放入醋水中浸泡，避免氧化变黑。

牛蒡萝卜排骨汤

扫一扫跟着视频做

原料

排骨段270克，牛蒡150克，白萝卜220克，干百合30克，枸杞10克，芡实12克，姜片、葱段各少许

调料

盐2克

做法

1 将去皮洗净的牛蒡斜刀切段；去皮洗好的白萝卜切片，再斜刀切块。

2 锅中注水烧开，倒入排骨段汆一会儿，去除血渍。

3 捞出材料，沥干，待用。

4 砂锅中注入清水烧热，加入排骨、牛蒡、白萝卜、芡实、干百合、枸杞、姜片、葱段，拌匀。

5 盖上盖，烧开后转小火煮约120分钟，至食材熟透。

6 揭盖，加入盐拌匀，略煮，至汤汁入味即可。

用时 125min

烹饪小技巧

汆排骨段时，淋入少许料酒，去血渍的效果会更佳；芡实和百合可事先浸泡好，可缩短烹饪时间。

猴头菇花生木瓜排骨汤

扫一扫跟着视频做

养胃专家——猴头菇

猴头菇是"养胃、护胃"的佳品，脾胃不好的人，在汤中加入一两朵猴头菇，不仅营养美味，还能增强人体免疫力。

【原料】

排骨段350克，花生米75克，木瓜300克，水发猴头菇80克，海底椰20克，核桃仁、姜片各少许

【调料】

盐3克

难度 ★★★★★

用时 125min

烹饪小技巧

猴头菇宜用温水泡软，能有效去除杂质；木瓜不要挑选太熟的，有点儿青的木瓜更适合煮汤。

【做法】

1 木瓜切开，再切小块，去除子；洗净的猴头菇切除根部，再切块。

2 锅中注入清水烧开，倒入洗净的排骨段，拌匀，氽水约2分钟。

3 排骨段去除血渍后捞出，沥干水分，待用。

4 砂锅中注入清水烧热，倒入排骨段、猴头菇、木瓜块、海底椰、核桃仁、花生米、姜片，搅拌均匀。

5 盖上盖，烧开后转小火煮约120分钟，至食材熟透。

6 揭盖，加入盐，拌匀，煮至汤汁入味，盛出煮好的排骨汤，装在碗中即可。

葛根蚝豉排骨汤

扫一扫跟着视频做

加入了 蚝豉，整锅汤都不一样了

蚝豉也称"蚝干"，是海产品，牡蛎（也称蚝肉的干制品），本身带有咸味，加入有葛根、赤小豆的排骨汤中，即使不加盐，味道也非常鲜美。

原料

排骨块200克，葛根100克，生蚝干100克，水发赤小豆130克，姜片少许

调料

盐2克，料酒适量

难度 ★★★★★
用时 185min

烹饪小技巧

蚝豉要清洗掉里面的沙子，否则会影响口感；赤小豆事先要泡发好，这样可缩短烹饪的时间。

做法

1 锅中注入清水烧开，倒入生蚝干，淋入料酒，拌匀，汆水片刻。

2 关火，捞出汆好的生蚝干，沥干水分，装盘待用。

3 倒入排骨块，汆水片刻，关火后捞出汆好的排骨块，沥干水分，装盘备用。

4 砂锅中注入清水，倒入排骨块、生蚝干、葛根、姜片、赤小豆，拌匀。

5 加盖，大火煮开转小火煮3小时至析出有效成分。

6 揭盖，加入盐，搅拌片刻至入味，盛出煮好的排骨汤，装入碗中即可。

扫一扫跟着视频做

冬瓜黄豆怀山排骨汤

 原料

冬瓜250克，排骨块300克，水发黄豆100克，水发白扁豆100克，党参30克，怀山20克，姜片少许

调料

盐2克

做法

1 洗净的冬瓜切块。

2 锅中注入适量清水烧开，倒入排骨块，汆水片刻。

3 关火后捞出汆好的排骨块，沥干水分，装入盘中待用。

4 砂锅中注入清水，倒入排骨块、冬瓜、黄豆、白扁豆、姜片、怀山、党参，拌匀。

5 加盖，大火煮开转小火煮2小时至有效成分析出。

6 揭盖，加入盐，拌至入味，盛出煮好的汤，装入碗中即可。

烹饪 用时 125min

烹饪小技巧

由于排骨本身就有油分，所以在烹调的过程中不需要放食用油，这样可以减少油腻感。

黄豆木瓜银耳排骨汤

扫一扫跟着视频做

原料

水发银耳60克，木瓜100克，排骨块250克，水发黄豆80克，姜片少许

调料

盐2克

烹饪小技巧

黄豆需提前浸泡好，这样可节省烹煮时间；银耳可以撕小块，这样更容易煮烂，更有黏稠感。

做法

1　洗净的木瓜切块。

2　锅中注入适量清水烧开，倒入排骨块，汆水片刻。

3　关火，捞出汆好的排骨块，沥干水分，装盘待用。

4　砂锅中注入清水，倒入排骨块、黄豆、木瓜、银耳、姜片，拌匀。

5　加盖，大火煮开后转小火煮3小时至食材熟透。

6　揭盖，加入盐，搅拌片刻至入味，关火后盛出煮好的汤，装入碗中即可。

香菇胡萝卜排骨汤

扫一扫跟着视频做

简单易学的 靓汤

香菇、胡萝卜、玉米，加上排骨熬成的汤，当然不会辜负我们一个小时的等待，而且它营养丰富，老少皆宜哦。

原料

排骨280克，香菇55克，去皮胡萝卜60克，姜片、葱花各少许，八角1个

调料

盐、鸡粉、胡椒粉各2克

难度 ★★★★★
用时 65min

烹饪小技巧

给排骨氽水时可淋入少许料酒，能更好地去腥；汤中加入八角，为汤增添了另一种风味。

做法

1 胡萝卜切滚刀块，洗净的香菇切小块。

2 沸水锅中倒入洗净的排骨，氽水片刻，去除血水。

3 捞出排骨，沥干水待用。

4 砂锅注水烧开，倒入排骨、胡萝卜、香菇、八角、姜片，拌匀。

5 加盖，大火煮开后转小火煮1小时。

6 揭盖，撒上盐、鸡粉、胡椒粉，充分拌匀入味，将煮好的汤盛入碗中，撒上葱花即可。

鸡骨草排骨汤

清热排湿 保健汤

具有清热利湿功效的鸡骨草，和排骨搭配煲汤饮用，这是一款梅雨季节祛除人体湿气的良汤。

原料

排骨400克，鸡骨草30克，大枣40
克，枸杞20克，葱段、姜片各少许

调料

盐适量

难度 ★★★★★
用时
46min

烹饪小技巧

排骨不宜焯水过久，以免将其煮老
了；鸡骨草要事先洗净，切成段再放
入锅中煮。

做法

1 锅中注入清水大火烧开，倒入备好的排骨，搅匀汆水片刻去除血沫。

2 将排骨捞出，沥干水分待用。

3 砂锅中注入清水大火烧热，倒入排骨、鸡骨草、大枣、枸杞。

4 放入姜片、葱段，搅拌片刻。

5 盖上锅盖，烧开后转中火煮40分钟至熟透。

6 掀开锅盖，加入盐，搅匀调味，将煮好的汤盛出装入碗中即可。

益母草鱼腥草排骨汤

对女人 **月经不调** 有奇效

益母草有利尿消肿、收缩子宫的作用，是历代医家用来治疗妇科病的要药。这道汤非常适合女性朋友饮用。

原料

苦瓜150克，排骨块250克，益母草10克，鱼腥草20克，姜片少许

调料

盐3克

难度 ★★★★★
用时
205min

烹饪小技巧

苦瓜提前用盐腌渍一段时间，可以去除其苦味；益母草和鱼腥草要事先洗净，切成段。

做法

1 洗净的苦瓜去子，切成块；把苦瓜放入碗中，加入1克盐，用筷子搅拌均匀，腌渍20分钟。

2 锅中注入清水烧开，倒入排骨块，氽片刻，捞出氽好的排骨块，装盘备用。

3 往腌渍好的苦瓜中注入清水，捞出苦瓜，沥干水分，装盘待用。

4 砂锅注入清水，倒入排骨块、苦瓜、姜片、益母草、鱼腥草，拌匀。

5 加盖，大火煮开转小火煮3小时至熟。

6 揭盖，加入2克盐，搅拌片刻至入味，盛出煮好的汤，装入碗中即可。

排骨300克，水发香菇10克，冬虫夏草10克，大枣8克

调料

盐、鸡粉各2克，料酒10毫升

做法

1 锅中注入清水烧开，放入洗净的排骨，淋入5毫升料酒，略煮一会儿，汆去血水。

2 捞出汆好的排骨，装入盘中，待用。

3 砂锅置火上，倒入备好的排骨、大枣、冬虫夏草，注入清水。

4 淋入5毫升料酒，拌匀，用大火煮开后倒入香菇，拌匀。

5 盖上盖，煮开后转小火煮约2小时至食材熟透。

6 揭盖，加入盐、鸡粉，拌匀，盛出煮好的汤料，装入碗中，待稍微放凉后即可。

虫草香菇排骨汤

扫一扫跟着视频做

用时 125min

烹饪小技巧

烹饪时可以放入少许的姜片一起煮制，这样有助于去除排骨的腥味，使汤的味道更好。